essentials

Essentials liefern aktuelles Wissen in konzentrierter Form. Die Essenz dessen, worauf es als „State-of-the-Art" in der gegenwärtigen Fachdiskussion oder in der Praxis ankommt. *Essentials* informieren schnell, unkompliziert und verständlich

• als Einführung in ein aktuelles Thema aus Ihrem Fachgebiet
• als Einstieg in ein für Sie noch unbekanntes Themenfeld
• als Einblick, um zum Thema mitreden zu können

Die Bücher in elektronischer und gedruckter Form bringen das Fachwissen von Springerautor*innen kompakt zur Darstellung. Sie sind besonders für die Nutzung als eBook auf Tablet-PCs, eBook-Readern und Smartphones geeignet. *Essentials* sind Wissensbausteine aus den Wirtschafts-, Sozial- und Geisteswissenschaften, aus Technik und Naturwissenschaften sowie aus Medizin, Psychologie und Gesundheitsberufen. Von renommierten Autor*innen aller Springer-Verlagsmarken.

Volker Eickenberg

Qualitative Interviews

Von der Themenfindung bis zur Hypothesenableitung

Volker Eickenberg
FOM Hochschule für Ökonomie & Management
Essen, Deutschland

ISSN 2197-6708 ISSN 2197-6716 (electronic)
essentials
ISBN 978-3-658-52032-8 ISBN 978-3-658-52033-5 (eBook)
https://doi.org/10.1007/978-3-658-52033-5

Die Deutsche Nationalbibliothek verzeichnet diese Publikation in der Deutschen Nationalbibliografie; detaillierte bibliografische Daten sind im Internet über https://portal.dnb.de abrufbar.

Springer Gabler ist ein Imprint der eingetragenen Gesellschaft Springer Fachmedien Wiesbaden GmbH und ist ein Teil von Springer Nature.
Die Anschrift der Gesellschaft ist: Abraham-Lincoln-Str. 46, 65189 Wiesbaden, Germany

Was Sie in diesem *essential* finden können

- Eine Begründung zur Anwendung qualitativer Forschungen
- Ein grundlegendes Verständnis zu den Prinzipien und Gütekriterien sowie zu den qualitativen Interviews und Inhaltsanalysen
- Eine beispielhafte Struktur für qualitativ-empirische Seminar- oder Abschlussarbeiten
- Zwölf Schritte, wie von der Themenfindung bis zur Hypothesenableitung Seminar- oder Abschlussarbeiten entwickelt werden können
- Beispielhafte Abbildungen für die Inspiration eigener qualitativ-empirischer Forschungsvorhaben mit qualitativen Interviews und Inhaltsanalysen

Vorwort

Wenn im Seminar verkündet wird, dass die nächste Seminararbeit die Anwendung qualitativer Methoden berücksichtigen soll, könnte es sein, dass mit dieser Prüfungsleistung einerseits Freudenschreie der Studierenden aufkommen, da keine quantitativen statistischen Verfahren zur Anwendung kommen. Andererseits wäre es ebenso möglich, dass bei den Studierenden Ratlosigkeit, Ernüchterung und Panik entsteht, weil sie noch keine Orientierung haben, wie qualitativ-empirische Arbeiten geschrieben werden. Vielleicht tritt dann auch in diesem Zusammenhang die Frage auf, warum das sein muss oder warum es keine rein literaturbasierte Seminararbeit sein darf.

Ein sehr trivialer Grund des qualitativen Forschens liegt in der Prüfungsordnung begründet, die die Anwendung einer qualitativen Methode vorsieht und für die es Creditpoints gibt. Ein weiterer, aber wissenschaftlicher Grund besteht im Rahmen des Studiums in der Vermittlung von alternativen, d. h. qualitativen Methodenkenntnissen wissenschaftlichen Arbeitens, die die Methodenkenntnisse der quantitativen Statistik respektive Diagnostik ergänzen.

Trotz der Bedenken, die qualitative Forschungsmethoden auslösen können, soll aufgezeigt werden, dass qualitatives Forschen keine Raketenwissenschaft ist. Vielmehr liegt ihr erfolgreicher Gebrauch in der Anwendung von mehreren aufeinander aufbauenden Schritten, um zu einem wissenschaftlichen akzeptablen Ergebnis zu kommen.

Dieses Buch soll den Interessierten hierfür einen groben Überblick und eine damit verbundene Kontrolle liefern, wie Seminar- oder Abschlussarbeiten mit qualitativen Interviews und Inhaltsanalysen gemeistert werden. Neben den **Prinzipien, Gütekriterien** und **Charakter** qualitativer Interviews und Inhaltsanalysen wird ein **gedanklicher roter Faden** für die Struktur einer qualitativ-empirischen Arbeit aufgezeigt. Zur Beachtung dienen **Merksätze,** die in einer verdichten

Darstellung die wesentlichen Schritte hervorheben, die für eine gelingende Seminar- oder Abschlussarbeit mindestens zu berücksichtigen sind und die für eine wissenschaftliche Argumentation wichtig sein können. Schließlich wird eine auf qualitative Interviews und Inhaltsanalyse fokussierte **Schritt-für-Schritt-Anleitung** geliefert, um sowohl ein besseres Verständnis für ihre Anwendung in schriftlichen Prüfungsleistungen als auch eine Unterstützung für die Bearbeitung eines Themas zu haben, das den wissenschaftlichen Ansprüchen genügt.

Hiermit wird allen, die sich mit der Anwendung qualitativer Interviews und Inhaltsanalysen in ihren Seminar- oder Abschlussarbeiten auseinandersetzen, viel Erfolg gewünscht!

Essen, Deutschland   Volker Eickenberg

Inhaltsverzeichnis

Abbildungsverzeichnis

Gründe des qualitativen Forschens 1

Für wissenschaftliche Untersuchungen stehen quantitative und qualitative empirische Methoden zur Verfügung, die sich als gleichberechtigte Forschungsmethoden ergänzen (Döring und Bortz 2016, S. 554). Während der quantitative Forschungsansatz der historisch ältere und führende Forschungsansatz für Humanwissenschaften darstellt, beschäftigt sich der qualitative

Forschungsansatz nicht mit einzelnen Variablen, sondern mit dem **Verständnis menschlichen Handelns** (Döring und Bortz 2016, S. 14). Im Zentrum des qualitativen Forschungsinteresses steht das Individuum mit seinen Motivationen, Werten, Routinen und Sinnkonstruktionen, sodass mit qualitativen Forschungsmethoden z. B. subjektive Wirklichkeitskonstruktionen der befragten Personen, nachvollzogen und damit verstanden werden sollen (Misoch 2019, S. 25).

Quantitative Methoden haben den Vorteil, dass sie zahlenmäßige Mengenangaben und im Vergleich zu den qualitativen Methoden relativ schnell und kostenschonend auswertbare Ergebnisse liefern (Misoch 2019, S. 1). Dagegen haben qualitative Methoden die Stärke, sich dem Untersuchungsgegenstand anzupassen, sich offen unbekannten Sachverhalten zu nähern und Hintergründe zu erfragen sowie Unklarheiten zu beseitigen (Misoch 2019, S. 1–2). Denn die qualitative Forschung hat zum Ziel, Aussagen über die Struktur und Beschaffenheit der sozialen Wirklichkeit zu machen, die den Menschen umgibt (Misoch 2019, S. 1). Mit ihr werden bestimmte soziale Phänomene einer tieferen und differenzierten Analyse unterzogen (Misoch 2019, S. 2).

Ein weiterer Grund für die Anwendung qualitativer Forschungsmethoden kann darin begründet liegen, dass zum zu bearbeitenden Thema der Seminar- oder Abschlussarbeit nur limitierte wissenschaftliche Quellen zu einem sozialen Phänomen, d. h. zu einem noch nicht erklärbaren menschlichen Verhalten, vorliegen, so-

© Der/die Autor(en), exklusiv lizenziert an Springer Fachmedien
Wiesbaden GmbH, ein Teil von Springer Nature 2026
V. Eickenberg, *Qualitative Interviews*, essentials,
https://doi.org/10.1007/978-3-658-52033-5_1

dass eine quantitative Untersuchung abgelehnt und insofern eine qualitative Forschung bevorzugt wird.

Wenn aber eine qualitative Methode zum Zuge kommen soll, könnte ihre Wissenschaftlichkeit in Frage gestellt werden. Damit sie wissenschaftlichen Ansprüchen genügt, muss sie spezifischen Prinzipien entsprechen.

Zum Verständnis der qualitativen Forschung

2

Für das grundsätzliche Verständnis der qualitativen Forschung sind zum einen ihre spezifischen Prinzipien und Gütekriterien zu beachten. Zum anderen sind die qualitativen Interviews als Datenerhebungsmethode und die Inhaltsanalyse als Datenauswertungsmethode zu unterscheiden.

2.1 Prinzipien der qualitativen Forschung

Mit der Anwendung der qualitativen Forschung sind mehrere **Prinzipien** zu beachten, nämlich Verstehen, Wirklichkeit als Konstruktion, Subjektbezogenheit, Offenheit, Kommunikation, Flexibilität, Prozessualität, Reflexivität und Explikation (Misoch 2019, S. 25–34).

- **Verstehen** bezieht sich auf das Nachvollziehen menschlicher Handlungen.
- Mit der **Wirklichkeit als Konstruktion** wird auf den kognitionstheoretischen Konstruktivismus verwiesen.
- Die **Subjektbezogenheit** bezieht sich auf die Erfassung der subjektiven Sichtweise der befragten Person.
- **Offenheit** zeigt z. B. an, dass Forschende offen für die Antworten der Befragungspersonen sind.
- **Kommunikation** deutet an, dass Forschende mit der befragten Person in einer Sprache sprechen, die beide beherrschen.
- **Flexibilität** wird gefordert, um die zu beantwortende Forschungsfrage mit der Untersuchungsmethode zu bestimmen und um die Methode flexibel anpassen zu können.

© Der/die Autor(en), exklusiv lizenziert an Springer Fachmedien Wiesbaden GmbH, ein Teil von Springer Nature 2026
V. Eickenberg, *Qualitative Interviews*, essentials,
https://doi.org/10.1007/978-3-658-52033-5_2

- **Prozessualität** bedeutet ein zyklisches Vorgehen in der Forschungspraxis.
- **Reflexivität** zielt auf ein Reflektieren des Erhebungsprozesses, um den Einfluss der Forschenden auf die Befragungsperson zu vermeiden.
- Schließlich besagt die **Explikation**, dass alle Schritte des Forschungsprozesses von den Forschenden intersubjektiv nachvollziehbar gemacht werden müssen.

▶ **Merke** Die Prinzipien der qualitativen Forschung sind zu beachten.

Von den vorgenannten Prinzipien lassen sich *Gütekriterien* für die qualitative Forschung ableiten, um den strengen wissenschaftlichen Ansprüchen zu genügen.

2.2   Gütekriterien der qualitativen Forschung

In der quantitativen und qualitativen Forschung sind Kriterien für die Qualitätssicherung empirischer Forschung von zentraler Bedeutung (Misoch 2019, S. 259). Während sich die **Gütekriterien** der quantitativen Forschung nach Objektivität, Reliabilität und Validität richten, sind von einer Vielzahl von Gütekriterien für die qualitative Forschung insbesondere Neutralität, kontrollierte Subjektivität, intersubjektive Nachvollziehbarkeit, Verfahrensdokumentation, Regelgeleitetheit und Triangulation wichtig (Misoch 2019, S. 247–248, 253; Döring und Bortz 2016, S. 114).

Neutralität besagt, dass die datenerhebenden Forschenden neutral sein sollen, um die Datenerhebung und Datenauswertung möglichst wenig zu beeinflussen. Zur **Kontrolle der Subjektivität** der Forschenden und um alle Schritte des Forschungsprozess für die **intersubjektive Nachvollziehbarkeit** transparent zu gestalten und zu protokollieren, bietet sich z. B. die transparente Darlegung sämtlicher Prozessschritte an. Mit der **Verfahrensdokumentation** wird die vollständige Dokumentation des Prüfdesigns verstanden. Die **Regelgeleitetheit** zielt auf die Arbeitsschritte, die anhand vorgegebener Regeln stattfinden. Die **Triangulation** bezieht sich z. B. auf den Einsatz verschiedener empirischer Methoden im Kontext des Forschungsvorhabens (Methodentriangulation) und auf die Befragung verschiedener Personen (Datentriangulation) (Misoch 2019, S. 248–257).

Streng genommen ist für die weitere Protokollierung der intersubjektiven Nachvollziehbarkeit auch die **Intercoder-Übereinstimmung** bzw. die Intercoder-Reliabilität als Güterkriterium für die Datenauswertung zu berücksichtigen, indem die Inhaltsanalyse weiteren Codierern übergeben wird. Somit soll festgestellt werden, dass die Inhaltsanalyse nicht willkürlich oder subjektiv verzerrt durchgeführt worden ist. Allerdings ist eine Seminar- oder Abschlussarbeit häufig eine Einzelleistung, die von einer Studentin oder von einem Studenten zu erbringen ist. Es sei denn, es wird von der Dozentin oder vom Dozenten eine Gruppenarbeit festgelegt, sodass jedes Gruppenmitglied eine eigene Inhaltsanalyse durchführt, um die verschiedenen, mitgliederspezifischen Inhaltsanalysen anschließend zu vergleichen und zu einer neuen, verbesserten Inhaltsanalyse zu generieren. Weil jedoch in der Einzelarbeit weitere Codierer fehlen und diese Intercoder-Übereinstimmung in der Literatur kritisch bewertet wird (Kuckartz 2018, S. 206, 210–211, 213–214; Mayring 2010, S. 124), sollte mit der jeweiligen Dozentin und mit dem jeweiligen Dozenten abgesprochen werden, ob auf dieses Gütekriterium für eine qualitative Inhaltsanalyse verzichtet werden kann.

▶ **Merke** Die Einhaltung der spezifischen Gütekriterien der qualitativen Forschung bestimmen die Qualität der Datenerhebung und Datenauswertung.

Unabhängig von den Prinzipien und Gütekriterien der qualitativen Forschung stellt sich die Frage, welche Methoden der qualitativen Forschung für die Datenerhebung und für die Datenauswertung geeignet sind, auch wenn der Fokus der Datenerhebung im Sinne dieses Buches auf qualitative Interviews gelegt wird.

2.3 Qualitative Interviews für die Datenerhebung

Der Fokus dieses Buches liegt auf den **leitfadengestützten Interviews** als **Datenerhebungsmethoden**, sodass Einzelfallstudien, teilnehmende Beobachtung und qualitatives Experiment vernachlässigt und nur der Vollständigkeit halber aufgeführt werden, die in der nachstehenden Übersicht zu den Datenerhebungsmethoden zählen (Abb. 2.1).

Die Datenerhebungsmethoden können grob danach unterschieden werden, ob sie mit oder ohne Interviewleitfaden (Abschn. 4.5) eingesetzt werden. Die Mehrheit der Datenerhebungsmethoden nutzen einen Interviewleitfaden. Bis auf das ero-epische und das rezeptive Interview sind alle qualitativen Interviews sogenannte Leitfaden gestützte Interviews, weil sie mit einem Interviewleitfaden arbeiten, um im geschützten Raum Interviews von Angesicht zu Angesicht zu führen und um sich auf die zu befragende Person zu konzentrieren. Die Erfahrung mit der Bewertung von Seminar- oder Abschlussarbeiten, die qualitative Interviews enthalten, zeigt, dass Studierende insbesondere Experten- und problemzentrierte Interviews zu bevorzugen scheinen (Abschn. 4.4).

Allerdings sind bei **kritischer Betrachtung** der qualitativen Interviews einerseits die grundsätzlichen **Nachteile** der Interviewtechnik zu beachten. Zum einen

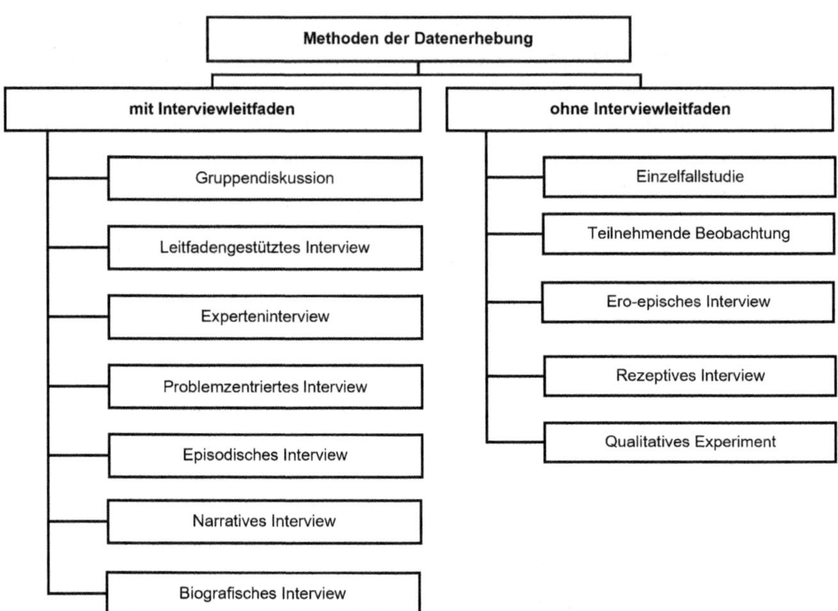

Abb. 2.1 Übersicht der wichtigsten qualitativen Datenerhebungsmethoden. (Eigene Darstellung)

entsteht ein hoher Zeit- und Kostenaufwand pro zu befragender Person, wenn sie persönlich aufgesucht und mit ihr die Befragung durchgeführt wird (Döring und Bortz 2016, S. 357). Zum anderen ist die Einflussnahme auf die Probanden durch den Interviewer gegeben, die zu sozial erwünschten Antworten der Personen führen, um vor dem Interviewer gut dazustehen (Döring und Bortz 2016, S. 357). Überdies haben die zu befragenden Personen im Rahmen einer Face-to-Face-Interaktion eine geringere Anonymität, die zu verzerrten Antworten führen kann (Döring und Bortz 2016, S. 357).

Andererseits haben qualitative Interviews den **Vorteil**, dass nicht nur Aspekte des subjektiven Erlebens im Interview zugänglich werden, die im Allgemeinen nicht der Beobachtung zugänglich sind, z. B. Gefühle, Meinungen und Überzeugungen, sondern auch nicht direkt beobachtbare Ereignisse und Verhaltensweisen erfasst werden können (Döring und Bortz 2016, S. 356). Darüber hinaus findet die Befragung in einer Live-Situation bzw. ungefiltert und in einer persönlichen Atmosphäre statt, um Hintergrundinformationen zu erhalten und um die

Datenqualität besser einschätzen zu können (Döring und Bortz 2016, S. 357). Des Weiteren zeichnen sich qualitative Interviews im Allgemeinen durch die Steuerung der Befragungspersonen aus, die auf offene Fragen mit ihren eigenen Worten antworten, sodass die individuellen Sichtweisen der Befragten nicht nur oberflächlich, sondern detailliert und vertieft erschlossen werden (Döring und Bortz 2016, S. 365).

▶ **Merke** Die qualitativen Interviews dienen der Datenerhebung.

Jedoch reicht es nicht aus, nur die Daten zu erheben. Sie sind für das erkenntnisleitende Interesse einer akademischen Arbeit auch auszuwerten. Hierfür bietet sich die Inhaltsanalyse an.

2.4 Inhaltsanalyse für die Datenauswertung

Erfolgt die Datenerhebung im Rahmen der qualitativen Interviews mit einer Speech-to-Text-App oder einer anderen digitalen Aufzeichnung, können die Daten, die in den aufgenommenen Interviews enthalten sind, als Transkripte ausgewertet werden. Als Datenauswertungsmethoden bieten sich die Grounded Theory, auf die in diesem Buch verzichtet wird, und die **Inhaltsanalyse** an. Mit der Inhaltsanalyse wird die Basis für ein **Kategoriensystem** (Abschn. 4.11) und für die **Ableitung von Hypothesen** (Abschn. 4.12) gelegt. Da Studierende sich erfahrungsgemäß vorwiegend für die Inhaltsanalyse als Datenauswertungsmethode (Abschn. 4.10) und damit im Rahmen des explorativen Verfahrens für die Ableitung von Hypothesen entscheiden, wird sie näher ausgeführt.

Die erfassten und lesbar gemachten Interviews werden mit der **qualitativen Inhaltsanalyse** als Auswertungsmethode untersucht. Dieses Verfahren versteht sich als kategoriengeleitete Textanalyse, die die transkribierten und aufbereiteten Interviews regelgeleitet analysiert (Mayring 2010, S. 13; Kuckartz 2018, S. 52–53). Die Bedeutungsinhalte der Transkripte werden im Rahmen des induktiven Verfahrens durch eine schrittweise Kodierung herausgearbeitet (Döring und Bortz 2016, S. 541). Darüber hinaus wird die Technik der **Hermeneutik** eingesetzt, um mithilfe des eigenen Vorverständnisses bzw. des erkenntnisleitenden Interesses nicht nur Texte zu verstehen und Ergebnisse zu interpretieren, sondern auch um Hypothesen zu gewinnen (Kuckartz 2018, S. 20–21, 47; Berner 2023, S. 29).

Es kann jedoch als **Nachteil** angesehen werden, dass die Interpretation der transkribierten Interviews vom Vorwissen und erkenntnisleitenden Interesse der Forschenden beeinflusst werden können. Dennoch hat die Inhaltsanalyse zum einen den **Vorteil**, dass sie im Wesentlichen nicht-reaktiv ist (Schnell et al. 2013, S. 398). Des Weiteren ist es von **Vorteil**, dass sie Gedanken und Gefühle der Befragungspersonen analysiert, um die Hintergründe ihres Erlebens und Verhaltens aufzudecken (Döring und Bortz 2016, S. 356).

▶   **Merke**   Die Inhaltsanalyse dient der Datenauswertung.

Neben dem spezifischen Verständnis für die qualitative Forschung zeichnet sich eine Seminar- oder Abschlussarbeit durch eine Struktur aus, die einen Einleitungs-, Haupt- und Schlussteil hat. Hiermit ist einerseits ein theoretischer und empirischer Teil für das zu bearbeitende Thema verbunden. Andererseits beinhalten solche Arbeiten verschiedene Designarten.

Struktur einer qualitativ-empirischen Seminar- oder Abschlussarbeit

3

Jede Seminar- oder Abschlussarbeit, die eine qualitativ-empirische Untersuchung berücksichtigt, benötigt eine Struktur, um den gedanklichen roten Faden bzw. den Gedankengang der Verfasserin oder des Verfassers darzulegen, wie das Thema im theoretischen und empirischen Teil bearbeitet wird. Hierzu wird näher auf die hiermit verbundenen verschiedenen Designarten eingegangen.

3.1 Untersuchungs-, Forschungs-, Prüf- und Gestaltungsdesign

Eine Seminar- oder Abschlussarbeit, die aus einem theoretischen und empirischen Teil besteht, besteht nicht nur aus einem **Einleitungs-, Haupt- und Schlussteil**, sondern sie umfasst auch Untersuchungs-, Forschungs-, Prüf- und Gestaltungsdesign.

Das Zusammenspiel dieser Teile und Designarten zeichnet sich dadurch aus, dass der **Einleitungsteil**, der vom Gesamtumfang aller Textseiten zirka 5 % bis 10 % ausmacht und im wesentlichen Kap. 1 einer Gliederung entspricht, den Forschungs- und Untersuchungsteil umfasst. Mit dem **Forschungsdesign**, das den Kapiteln Problemstellung sowie Zielsetzung und Forschungsfrage der Arbeit entspricht, wird die Frage beantwortet, was die Seminar- oder Abschlussarbeit klären will. Mit dem **Untersuchungsdesign**, das Abschn. 1.3 entspricht, wird die Frage beantwortet, welche Vorgehensweise die Seminar- oder Abschlussarbeit prägt.

Der **Hauptteil** hat einen Gesamtumfang von zirka 60 % bis 80 % und umfasst den **theoretischen** und **empirischen Teil** der Seminar- oder Abschlussarbeit. Das **Prüfdesign** betrifft im Wesentlichen das **empirische Kapitel** und beantwortet die Forschungsfrage, was empirisch untersucht wird.

© Der/die Autor(en), exklusiv lizenziert an Springer Fachmedien
Wiesbaden GmbH, ein Teil von Springer Nature 2026
V. Eickenberg, *Qualitative Interviews*, essentials,
https://doi.org/10.1007/978-3-658-52033-5_3

Schließlich hat der **Schlussteil** einen Gesamtumfang von zirka 5 % bis 10 %, der nur aus dem **Gestaltungsdesign** besteht, das sich mit den Fragen beschäftigt, welche Limitationen und Implikationen sich aus dem Fazit ergeben. Dies legt die Frage nahe, welche Unterkapitel für die Struktur einer Seminar- oder Abschlussarbeit zu beachten sind.

3.2   Beispielhafte Struktur einer Seminar- oder Abschlussarbeit

Um eine erste grobe Orientierung für das Schreiben einer Seminar- oder Abschlussarbeit zu haben, kann es hilfreich sein, unabhängig vom zu bearbeitenden Thema eine erste grobe Gliederung anzufertigen. Gleichwohl kann diese Orientierung auch als eine sogenannte Checkliste verstanden werden, die dazu dient, an alle Kapitel, Unterkapitel, Verzeichnisse und Anhänge zu denken, die in der Seminar- oder Abschlussarbeit Erwähnung finden sollten, wie in der nachfolgenden beispielhaften Struktur einer qualitativ-empirischen Arbeit (Abb. 3.1) angezeigt wird.

Nur wenn **Abbildungen und Tabellen** verwendet werden, werden diese im entsprechenden **Abbildungs- und Tabellenverzeichnis** aufgenommen. Sind solche Darstellungen nicht verwendet worden, sollte nicht im Abbildungs- oder Tabellenverzeichnis stehen, dass keine Abbildungen oder Tabellen verwendet worden sind. Grundsätzlich sind Abkürzungen nur dann im **Abkürzungsverzeichnis** aufzunehmen, wenn sie nicht im aktuellen Duden enthalten sind. Sind keine Abkürzungen

Inhaltsverzeichnis

Abbildungsverzeichnis	**3 Empirischer Teil**
Tabellenverzeichnis	3.1 Auswahl der qualitativen Methode
Abkürzungsverzeichnis	3.2 Experteninterview
	3.3 Interviewleitfaden
1 Einleitung	3.4 Auswahl der Befragungspersonen
1.1. Relevanz und Problemstellung	3.5 Planung und Durchführung der Interviews
1.2 Zielsetzung und Forschungsfragen der Arbeit	3.6 Aufbereitung der Transkripte
1.3 Vorgehensweise	3.7 Inhaltsanalyse der Transkripte
	3.8 Präsentation des Kategoriensystems
2 Theorieteil	3.9 Ableitung von Hypothesen
2.1 ein Stichwort aus dem zu bearbeitenden Thema	
2.2 ein Stichwort aus dem zu bearbeitenden Thema	**4 Diskussion**
2.3 ein Stichwort aus dem zu bearbeitenden Thema	4.1 Fazit
2.4 ein Stichwort aus dem zu bearbeitenden Thema	4.2 Limitationen
	4.3 Implikationen
	Literaturverzeichnis
	Anhang

Abb. 3.1   Beispielhafte Struktur einer qualitativ-empirischen Arbeit. (Eigene Darstellung)

in der Seminar- oder Abschlussarbeit enthalten, sollte kein Abkürzungsverzeichnis angelegt werden. Allerdings kann es sein, dass sich im Literaturverzeichnis Abkürzungen befinden, die nicht im Duden stehen. Sie wären dann im Abkürzungsverzeichnis aufzunehmen. Darüber hinaus gilt auch für das Abkürzungsverzeichnis: Wenn keine Abkürzungen vorhanden sind, dann sollte auch nicht im Abkürzungsverzeichnis der Hinweis stehen, dass keine Abkürzungen vorliegen.

In **Kapitel 1** bzw. in **Kapitel 1.1** sollte aufgezeigt werden, weshalb das zu bearbeitende abgegrenzte Thema (Abschn. 4.1) eine Relevanz für die Forschung entwickelt hat und welche Forschungslücke aus Sicht der Verfasserin und des Verfassers gesehen wird. Dabei ist es eine enorme Herausforderung für eine Seminar- oder Abschlussarbeit eine Forschungslücke der deutschsprachigen oder globalen wissenschaftlichen Community aufzuzeigen. Daher kann ein Blick in die Anforderungen der Prüfungsordnung oder ins Curriculum des entsprechenden Moduls nicht schaden. Häufig ist es so, dass die Seminar- oder Abschlussarbeit dazu dient, die individuelle Forschungslücke der Verfasserin und des Verfassers zu schließen. In **Kapitel 1.2** wird unter Beachtung des zu bearbeitenden Themas das Ziel und die Forschungsfrage (Abschn. 4.2) abgeleitet. In **Kapitel 1.3** wird die Vorgehensweise respektive werden die einzelnen Schritte der Gliederung beschrieben, die hinter den Stichworten Forschungs-, Untersuchungs-, Prüf- und Gestaltungsdesign stehen. Weil sich das Inhaltsverzeichnis beim Schreiben jederzeit verändern kann, wird dieses Kapitel häufig nach dem Schlusskapitel einer Seminar- oder Abschlussarbeit geschrieben. Das mag als ärgerlich empfunden werden. Es kann jedoch auch so verstanden werden: Schreiben kommt mit dem Schreiben. Es ist ein Reifeprozess des akademischen Ringens um die Darlegung des Gedankengangs einer wissenschaftlichen Arbeit, der zu Beginn einer solchen Arbeit die Struktur des zu bearbeitenden Themas erst nach und nach durchdringt.

In **Kapitel 2** respektive im **Theorieteil** wird die themenspezifische Literatur (Abschn. 4.3) festgehalten. Gelegentlich finden sich statt des Begriffs Theorieteil die Synonyme Grundlagen, theoretische und begriffliche Grundlagen oder Forschungsstand. Unabhängig von der Begriffsbezeichnung ist es sinnvoll, jedes Stichwort des zu bearbeitenden Themas zu definieren. Darüber hinaus kann es sein, dass mit den Stichwörtern aus diesem Thema die Beantwortung von theoretischen Subforschungsfragen wichtig werden. Überdies sollte im Ergebnis des theoretischen Teils einer Seminar- oder Abschlussarbeit eine Ansammlung von literaturbasierten Kategorien vorliegen, die für den empirischen Teil der Seminar- oder Abschlussarbeit von Bedeutung sind (Abschn. 4.3 und 4.5).

In **Kapitel 3** respektive im **empirischen Teil** der Seminar- oder Abschlussarbeit sollte im Sinne des qualitativen Gütekriteriums Verfahrensdokumentation jeder einzelne Bearbeitungsschritt anhand eines Kapitels dargelegt werden. Die Anzahl der Unterkapitel kann dabei erheblich variieren. Vorgeschlagen werden neun Unterkapitel (Kap. 4), indem zunächst die qualitative Methode ausgewählt und die gewählte Interviewform mit ihren Vor- und Nachteilen definiert wird (Abschn. 4.4). Danach wird der Interviewleitfaden hinsichtlich seiner erstellten Struktur beschrieben (Abschn. 4.5) und unter Beachtung des theoretischen Samplings die Auswahl der Befragungspersonen aufgezeigt (Abschn. 4.6). Die Planung und Durchführung der Interviews werden mit Bezug auf Setting, Stimmung der Befragungspersonen und Zeit erklärt (Abschn. 4.7). Es folgt dann eine Erläuterung zur Aufbereitung der Interviews hinsichtlich der zu beachtenden Glättungsregeln für die Lesbarkeit der transkribierter Interviews (Abschn. 4.8) und eine Erklärung zur Erstellung eines Kodierleitfadens für die Inhaltsanalyse der Transkripte (Abschn. 4.9 und 4.10). Als wesentliche Ergebnisse der qualitativen Forschung werden die Erstellung eines Kategoriensystems (Abschn. 4.11) und die hiervon abgeleiteten Hypothesen präsentiert (Abschn. 4.12).

In **Kapitel 4** erfolgt eine **Diskussion** des theoretischen und empirischen Teils der Seminar- oder Abschlussarbeit. Zum einen werden die wesentlichen Erkenntnisse in einem Fazit zusammengefasst und interpretiert. Hiervon werden im Rahmen der Limitationen sowohl das eigene Vorgehen hinsichtlich Literaturauswahl und Methodik als auch die Beachtung der qualitativen Gütekriterien kritisch reflektiert. Wegen der in den Limitationen enthaltenen Reflexionspunkte lassen sich Implikationen ableiten, die auf der Grundlage der Seminar- und Abschlussarbeit der Wissenschaft Handlungsempfehlungen für weitere Forschungsanliegen liefern und der Praxis Hinweise zur Anwendung andeuten.

Das **Literaturverzeichnis** schließt sich als Bestandteil des Textes mit seinen zitierten Quellen an. Im **Anhang** einer Seminar- oder Abschlussarbeit stehen mindestens der Interviewleitfaden, der Kodierleitfaden und die mit dem Kodierleitfaden farblich markierten Transkripte.

> **Merke** Jede Seminar- oder Abschlussarbeit, die einen qualitativ-empirischen Teil enthält, hat einen theoretischen und einen empirischen Teil, die den gedanklichen roten Faden des zu bearbeitenden Themas anhand einer Struktur und der damit verbundenen Designs anzeigen.

Mit dem skizzierten Vorwissen für die Durchführung von qualitativen Interviews liegt eine sensibilisierte Grundlage für die qualitative Forschung vor, um in zwölf Schritten, d. h. von der Themenfindung bis zur Ableitung von Hypothesen, eine Seminar- oder Abschlussarbeit erfolgreich zu bewältigen.

Zwölf Schritte von der Themenfindung bis zur Hypothesenableitung

4

Von der Findung des zu bearbeitenden Themas bis zur Ableitung von Hypothesen, die als wesentliche Ergebnisse der qualitativen Forschung gelten, sind zwölf Schritte zu beachten, die in den Abschn. 4.1, 4.2, 4.3, 4.4, 4.5, 4.6, 4.7, 4.8, 4.9, 4.10, 4.11 und 4.12 behandelt werden:

1. Schritt: Thema finden und abgrenzen
2. Schritt: Forschungsfragen erstellen
3. Schritt: Literatur zum Thema lesen und Bezugsrahmen erstellen
4. Schritt: Qualitative Interviewform auswählen und definieren
5. Schritt: Interviewleitfaden erstellen
6. Schritt: Befragungspersonen auswählen
7. Schritt: Interviews planen und durchführen
8. Schritt: Transkripte für die Inhaltsanalyse aufbereiten
9. Schritt: Kodierleitfaden für die Inhaltsanalyse erstellen
10. Schritt: Inhaltsanalyse der Interviews
11. Schritt: Kategoriensystem erstellen
12. Schritt: Hypothesen ableiten.

Den Anfang macht in einem erweiterten Verständnis des theoretischen Teils bei der Bearbeitung einer Seminar- oder Abschlussarbeit die Themenfindung und -abgrenzung.

© Der/die Autor(en), exklusiv lizenziert an Springer Fachmedien
Wiesbaden GmbH, ein Teil von Springer Nature 2026
V. Eickenberg, *Qualitative Interviews*, essentials,
https://doi.org/10.1007/978-3-658-52033-5_4

4.1   Thema finden und abgrenzen (1. Schritt)

Wenn das zu bearbeitende Thema zugeteilt worden ist, bleibt den Studierenden meist nur ein Hinnehmen und die Hoffnung, dass das zugeteilte Thema leicht zu bewältigen ist. Jedoch kann die freie, eigene, subjektive Themenfindung für jede Seminar- oder Abschlussarbeit ebenso zu einer Herausforderung werden. Dies gilt insbesondere dann, wenn mit dem zugeteilten oder freien Thema die Bearbeitung einer Forschungslücke assoziiert wird. Möglicherweise geht es ja gar nicht um Nobelpreis verdächtige Themen, die die Forschungslücke der forschenden Community schließen, sondern eher um die Schließung der Forschungslücke der Studierenden, die ihre Themen bearbeiten. Dies ist jedoch im Vorfeld in Absprache mit den zuständigen Dozentinnen und Dozenten zu klären. Darüber hinaus kann nur empfohlen werden, sich mit den Prüfungsordnungen und mit der modulspezifischen Curricula auseinanderzusetzen.

Für die **fremd- oder selbstbestimmte Themenfindung** können interessante Artikel aus der Fachliteratur oder in Zeitschriften gelesen werden. Es kann sein, dass das zu findende Thema interdisziplinäre Bedeutung hat, sodass z. B. ein Blick in die einschlägige Literatur der Psychologie, Wirtschaftswissenschaften oder Sozialwissenschaften hilfreich sein kann. Denn jede wissenschaftliche Disziplin hat ihre spezifische Perspektive auf ein Thema.

Eine weitere Möglichkeit der Themenfindung liefern **Vorlesungen, Seminare, Übungen und Lehrmaterialien**. Manchmal sind es auch Beiträge aus dem **Radio, Internet** oder dem **Studienkreis**, die Anregungen für ein Thema bieten. Häufig ist es jedoch so, dass die Themen, die qualitativ-empirisch bearbeitet werden sollen, unsystematisch näher ins Auge gefasst werden, weil sich die Studierenden hierfür brennend interessieren oder weil sie mit dem Thema zufällig, aber mit anhaltendem Interesse konfrontiert werden. Auf diese Weise kann es dazu kommen, dass das Thema nicht akademisch interessant genug oder im Aufmerksamkeit erheischenden Zeitungsstil formuliert wird. Das sollte auf jeden Fall vermieden werden.

Zum einen darf das Thema weder eine Wertung enthalten noch darf es als direkte Frage formuliert werden. Zum anderen ist der Fokus und damit die Abgrenzung der Forschung deutlich zu machen. Grundsätzlich bieten sich für eine thematische Fokussierung entweder eine Konzentration auf die **Antezedenzien** oder auf die **Konsequenzen** des Themas an, indem für eine Seminar- oder Abschlussarbeit z. B. nur die Ursachen oder nur die Konsequenzen von Stress am Arbeitsplatz bearbeitet werden. Im Zweifel ist das Thema mit der betreuenden Dozentin oder mit dem betreuenden Dozenten abzustimmen. Beispielsweise wäre das Thema *Vertrauen im Hörsaal* eher für eine Boulevardzeitung statt eines wissenschaftlichen

Themas angemessen. Besser wäre eine Themenformulierung, die sich mit dem Vertrauen im Hörsaal befassen möchte: *Vertrauen stiftendes Verhalten der Dozierenden gegenüber Studierenden einer Universität.* Die Formulierung ist insofern genauer bzw. enger formuliert. Sie grenzt sich auch mehr vom Vertrauensverhalten der Lehrenden anderer Bildungseinrichtungen ab. Überdies betrifft ein solches Thema eher die Antezedenzien als die Konsequenzen des Vertrauensverhaltens.

In dem Zusammenhang soll auf die **Relevanz des Themas** und die damit verbundene **Problemstellung** eingegangen werden. Es ist daran zu denken, weshalb das zu bearbeitende Themas für die Wissenschaft eine Relevanz erfahren hat. Möglicherweise ist das Thema neu, noch nicht erforscht oder kaum diskutiert. Fraglich ist auch, welche Problemstellung mit dem zu bearbeitenden Thema angedeutet wird.

▶   **Merke** Jede Seminar- oder Abschlussarbeit hat ein abgegrenztes Thema, das sich auf seine Antezedenzien oder Konsequenzen konzentriert.

Im nächsten Schritt sind nicht nur die themenspezifische zentrale Forschungsfrage, sondern auch weitere hiervon ableitbare Subforschungsfragen zu formulieren.

4.2   Forschungsfragen erstellen (2. Schritt)

Unter Berücksichtigung der Themenrelevanz und Problemstellung wird eine **zentrale Forschungsfrage** abgeleitet. Lautet beispielsweise das bereits erwähnte beispielhafte Thema (Abschn. 4.1) *Vertrauen stiftendes Verhalten der Dozierenden gegenüber Studierenden einer Universität*, dann kann die *zentrale* Forschungsfrage heißen: *Welches Verhalten zeigen Dozierende gegenüber Studierenden einer Universität?* Von dieser zentralen Forschungsfrage können sowohl theoretische Subforschungsfragen als auch eine empirische Subforschungsfrage abgeleitet werden. Werden diese bearbeitet, beantworten sie insgesamt die zentrale Forschungsfrage.

Die **theoretischen Subforschungsfragen** werden anhand der analysierten Literatur respektive des Forschungsstandes im Rahmen des Desk Researchs beantwortet. Jedes Kapitel des theoretischen Teils dient insofern der Beantwortung einer oder mehrerer theoretischen Subforschungsfragen. Mit anderen Worten: Das zu bearbeitende Thema oder Konstrukt wird konzeptualisiert. Beispielsweise könnten die theoretischen Subforschungsfragen unter Beachtung der vorgenannten zentralen Forschungsfrage lauten: *Welche Bedeutung nimmt Vertrauen in der Studierenden-Dozierenden-Beziehung in einer Universität ein? Welche Vertrauenswahrnehmungen haben Studierende an Dozierende einer Universität?*

Die **empirische Subforschungsfrage** wird mit dem empirisch-qualitativen Teil der Seminar- oder Abschlussarbeit operationalisiert respektive beantwortet. In Anlehnung an das vorbezeichnete Beispiel könnte die empirische Subforschungsfrage heißen: *Welches Verhalten zeigen Dozierende einer Universität, um das Vertrauen der Studierenden aufzubauen?*

▶ **Merke** Jede Seminar- oder Abschlussarbeit, die einen qualitativ-empirischen Teil enthält, hat eine zentrale Forschungsfrage, von der mehrere theoretische Subforschungsfragen und eine empirische Subforschungsfrage abgeleitet werden können.

Um insbesondere die theoretischen Subforschungsfragen anhand des Forschungsstandes bzw. anhand der themenrelevanten wissenschaftlichen Literatur zu beantworten, ist im weiteren Schritt ebendiese Literatur zu lesen, um einen Bezugsrahmen zu erstellen.

4.3 Literatur zum Thema lesen und Bezugsrahmen erstellen (3. Schritt)

Die zeitlich aufwändige Suche nach der passenden Literatur kann durch den Einsatz von Künstlicher Intelligenz erleichtert werden. Dennoch wird der Gang zur Bibliothek empfohlen, um sich mit den Datenbanken und der Datenbankrecherche vertraut zu machen und um den Ursprung und die Qualität der wissenschaftlichen Quellen zu kennen. Das kann sehr mühsam werden, ist aber eine wesentliche Disziplin des wissenschaftlichen Vorgehens, die akademisches Denken und Vorgehen prägt.

Gesucht wird in den Datenbanken meist mithilfe von **Schlagwörtern** bzw. **Keywords,** die einen Bezug zum zu bearbeitenden Thema haben können. Die Recherche kann mit angloamerikanischen und mit deutschen Schlagwörtern erfolgen, um Primärliteratur, z. B. Journals, Aufsätze in Fachjournalen, Dissertationen und Habilitationen, oder Sekundärliteratur, z. B. Lexika, Zeitschriftenartikel ohne Aufsatzcharakter, zitieren zu können.

Primär- und Sekundärliteratur sind zitierfähige Quellen. Auf die Zitierung der im Internet aufrufbaren Seiten von Wikipedia, Scribbr oder Studyflix sollte nach Möglichkeit verzichtet werden, da die Quellen, auf die sich bezogen wird, nicht immer eindeutig sind oder teilweise fehlen. Graue Literatur, z. B. Vorlesungsskripte, sind als zitierwürdige Quelle nicht passend, da sie nur einem kleinen Studierendenkreis zur Verfügung stehen.

Ziel der Literaturanalyse und des damit verbundenen theoretischen Teils der Seminar- oder Abschlussarbeit ist nicht nur die Beantwortung der theoretischen Subforschungsfragen, sondern auch die Entdeckung von sogenannten *deduktiven Kategorien*, d. h. Kategorien, die aus der Literaturanalyse entdeckt oder abgeleitet worden sind. Zur Entdeckung der Kategorien dienen nicht nur die einschlägige Fachliteratur, sondern auch Modelle und Theorien. Um beim Beispiel der zentralen Forschungsfrage *Welches Verhalten zeigen Dozierende gegenüber Studierenden einer Universität?* zu bleiben, könnten aus subjektiver Sicht der Verfasserin und des Verfassers als mögliche literaturbasierte bzw. **deduktive Metakategorien Fachkompetenz und**

Sozialkompetenz ausgemacht worden sein. Darüber hinaus können innerhalb dieser Metakategorien auch Oberkategorien, wie z. B. lösungsorientiertes und empathisches Verhalten, entdeckt worden sein. Die Metakategorien stehen über allen zum zu bearbeitenden Thema entdeckten Kategorien. Die Oberkategorien stehen unterhalb der Metakategorien. Subkategorien sind Bestandteil der Oberkategorien, sie konkretisieren die Oberkategorien. Es ist den Studierenden vorbehalten, inwiefern sie die literaturbasierten Kategorien strukturieren, indem sie sie als Meta-, Ober- oder Subkategorien definieren und zueinander ordnen. Die Literaturquellen bieten hierzu gelegentlich Hilfe, indem sie die Kategorien schon in themenrelevanten Kategorien strukturiert haben. Als Ergebnis kann nach einer systematischen **Literaturanalyse** eine **Literaturliste**, die in der folgenden Abbildung als abstrahierter Auszug zum Vertrauensverhalten der Dozierenden einer Universität (Abb. 4.1) zu sehen ist, tabellarisch dargestellt werden.

	Autoren, Jahr						
	Autor 1, 1985	Autor 2, 1990	Autor 3, 1997	Autor 4, 2013	Autor 5, 2017	Autor 6, 2020	Autor 7, 2024
Lösungsorientiertes Verhalten							
Hinweise geben		x		x		x	
Empathie vermittelndes Verhalten							
mitfühlender Gesichtsausdruck		x	x	x			

Abb. 4.1 Auszug einer beispielhaften Literaturliste. (Eigene Darstellung)

	Interpersonales Vertrauen	
Metakategorien	Fachkompetenz	Sozialkompetenz
Oberkategorien	lösungsorientiertes Verhalten	empathisches Verhalten
Subkategorien	Hinweise geben	mitfühlender Gesichtsausdruck

Abb. 4.2 Beispielhafter literaturbasierter Bezugsrahmen. (Eigene Darstellung)

Die vorgenannten Kategorien aus den analysierten Literaturquellen bilden für die spätere qualitativ-empirische Forschung einen **literaturbasierten Bezugsrahmen**. Dieser Bezugsrahmen ist das Ergebnis des theoretischen Teils einer Seminar- oder Abschlussarbeit. Die beispielhaft vorbenannten Kategorien Fachkompetenz, Sozialkompetenz, lösungsorientiertes und empathisches Verhalten bilden diesen Bezugsrahmen. Sie bzw. dieser Bezugsrahmen dienen als Grundlage für die in einem späteren Schritt zu erstellenden offenen Interviewfragen, die im Interviewleitfaden im Rahmen der qualitativ-empirischen Forschung enthalten sind (Abschn. 4.5).

Der **Bezugsrahmen** kann im Zwischenfazit stehen oder als Zwischenfazit der Literaturanalyse verstanden werden. Für die bessere Lesbarkeit des Bezugsrahmens sind verschiedene Strukturen denkbar, von denen eine beispielhaft präsentiert wird. Der nachstehende literaturbasierte Bezugsrahmen (Abb. 4.2) zeigt die vorgenannten Kategorien zum Konstrukt interpersonales Vertrauen an.

Die gebildeten Kategorien sind einerseits zu kommentieren. Andererseits führen nachvollziehbare Überlegungen bzw. Argumente zur vorbenannten Tabelle.

▶   **Merke** Zu fast jedem Thema gibt es bei interdisziplinärer Betrachtung und akribischer Suche seriöse Print- oder Internetquellen, um Kategorien bilden zu können.

Mit Abschluss der ersten drei Schritte bzw. der Abschn. 4.1, 4.2 und 4.3 wird mit Fokus auf die Anwendung der qualitativen Interviews der theoretische Teil einer Seminar- und Abschlussarbeit abgeschlossen. Die entdeckten Kategorien werden zur weiteren Bearbeitung im empirischen Teil einer Seminar- oder Abschlussarbeit bzw. für die einzusetzenden qualitativen Interviews überführt.

4.4 Qualitative Interviewform auswählen und definieren (4. Schritt)

In Abwägung der Vor- und Nachteile, die mit den qualitativen Interviews verbunden sind, könnte die Frage aufkommen, welche Formen dieser Interviews für die Datenerhebung zur Verfügung stehen und für welche Forschungsanliegen bzw.

Forschungsinteressen sie geeignet erscheinen. Das ero-epische und rezeptive Interview sind nicht Gegenstand dieser Ausführungen, da sie nicht mit leitfadengestützten Interviews arbeiten. Daher werden nur ausgewählte Interviews skizziert, die einen Interviewleitfaden benötigen, d. h. die leitfadengestützt sind. Den Anfang macht hierbei das leitfadengestützte Interview.

Leitfadengestütztes Interview

Ein Interviewleitfaden ist das zentrale Element für alle qualitativen Interviews (Misoch 2019, S. 65). Beim leitfadengestützten Interview handelt sich um ein Interview, das das Gespräch mithilfe eines Leitfadens steuert, um alle Aspekte und Fragen für das Interview zu berücksichtigen (Misoch 2019, S. 65). Als Leitfadeninterviews gelten alle Interviewformen, die nachstehend aufgeführt werden. Diese Interviewform wird dann eingesetzt, wenn die Interviewerin oder der Interviewer wegen des Forschungsanliegens kein Experten-, problemzentriertes, fokussiertes, episodisches, narratives oder biografisches Interview durchführen kann oder will. Häufig jedoch werden in Seminar- oder Abschlussarbeiten Experteninterviews durchgeführt (Meuser und Nagel 2009, S. 465, zitiert nach Misoch 2019, S. 119).

Experteninterview

Das Experteninterview kommt als erste Methode der Datenerhebung zum Einsatz, wenn Interviews mit Personen geführt werden sollen, die themenspezifisches Fachwissen, Expertise oder Spezialwissen haben (Döring und Bortz 2016, S. 375–376). Der Expertenstatus kann sich z. B. auch auf die Kriterien formaler Bildungsabschluss, berufliche Position oder Praxiserfahrung beziehen (Döring und Bortz 2016, S. 375). Beim Experteninterview ist nur die zu befragende Person die Expertin oder der Experte. Dies mag beim Thema Stressursachen am Arbeitsplatz eines Finanzdienstleisters eine Psychologin oder ein Psychologe sein. Die Interviewerin oder der Interviewer stellt als Laie Fragen an die Experten oder Expertinnen. Dies sieht jedoch beim problemzentrierten Interview anders aus.

Problemzentriertes Interview

Beim problemzentrierten Interview haben sich sowohl die Interviewerin oder der Interviewer als auch die Befragungsperson ein hohes Fachwissen erarbeitet oder eine umfangreiche Erfahrung zu dem zu untersuchenden Thema gewonnen, sodass es sich um ein Gespräch zwischen zwei sogenannten Expertinnen oder Experten handeln könnte. Obwohl beide Gesprächspartner auf ein Thema fokussiert sind, handelt es sich nicht um ein fokussiertes Interview.

Fokussiertes Interview

Beim fokussierten Interview geht es um die Betrachtung eines Films, Theaterstücks, einer Fernseh- oder Radiosendung, einer Werbeanzeige oder eines Online- oder Videospiels, das vor der Interviewdurchführung von den Befragungspersonen wahrgenommen wurde und worauf sich die Untersuchungsfragen anschließend fokussieren (Döring und Bortz 2016, S. 378). Es unterscheidet sich deutlich vom episodischen Interview.

Episodisches Interview

Mit dem episodischen Interview wird eine Episode aus dem Leben der Befragungsperson erfragt. Es geht um ein möglicherweise einschneidendes Ereignis, das zu einer Entscheidung der zu befragenden Person geführt hat. Beispielsweise kann im Rahmen der qualitativen Interviews untersucht werden, welche Lebensepisode bzw. welches Lebensereignis zum Entschluss eines Studiums geführt hat. In diesem Interview geht es nur um eine Episode aus dem Leben der Befragungsperson und nicht um einen längeren Lebensabschnitt von mehreren Wochen oder Monaten, der mit dem narrativen Interview untersucht wird.

Narratives Interview

Das narrative Interview dient dazu, einen längeren Lebensabschnitt der Befragungsperson detailliert zu erfassen. Häufig umfasst ein solches Interview mehrere, sich aneinanderreihende Episoden respektive einen Lebenszeitraum von mehreren Jahren. Beispielsweise kann von Forschungsinteresse die wahrgenommene Grundschul- und/oder weiterführende Schulzeit sein. Charakteristisch für diese Interviewform ist, dass im Vergleich zu den vorbezeichneten Interviews nur wenige Fragen gestellt werden, um den Redefluss nicht zu unterbrechen. Geht es aber um Erzählungen, die die gesamte Lebensbiografie eines Menschen betreffen, dann eignet sich das biografische Interview als passende Interviewform.

Biografisches Interview

Das biografische Interview bezieht sich auf eine längere Lebensgeschichte der Befragungsperson, die z. B. 20 bis 50 Jahre umfassen kann. Beispielsweise wäre von Forschungsinteresse, welche schulischen und beruflichen Handlungsmuster Professorinnen oder Professoren von Hochschulen und Universitäten entwickelt haben. Bei dieser Interviewform kommt das narrative Interview zum Einsatz, sodass ebenfalls nur wenige Fragen gestellt werden.

▶   **Merke** Die auszuwählende Interviewform richtet sich nach dem Forschungsinteresse bzw. Forschungsanliegen.

Im Rahmen des ausgewählten und zu definierenden Interviews ist es auch von akademischem Interesse, auf die mit dem Interview verbundenen allgemeinen und spezifischen Vor- und Nachteile einzugehen. Ist die Auswahl der Interviewform je nach Forschungsfrage geklärt, kann mit dem nächsten Schritt, nämlich der Erstellung des Interviewleitfadens, begonnen werden.

4.5 Interviewleitfaden erstellen (5. Schritt)

Mit einem **halbstrukturierten Interviewleitfaden** werden im Rahmen eines qualitativ ausgerichteten Erhebungsverfahrens Informationen durch eine Liste offener Fragen gewonnen (Kuckartz et al. 2008, S. 20). Mit einem solchen Leitfaden werden der zu befragenden Person eine Fragenliste vorgelegt, ohne jedoch Antworten vorzugeben, sodass die Befragungsperson die Fragen mit ihren eigenen Worten beantwortet (Döring und Bortz 2016, S. 403). Qualitative Fragebögen werden im Hinblick auf das Forschungsanliegen bzw. Forschungsinteresse, des theoretischen Vorwissens und der damit verbundenen Anzahl und Reihenfolge der Fragen individuell erstellt (Döring und Bortz 2016, S. 403). Bezüglich der Regeln zur Formulierung von Fragen für qualitative Befragungen sind **Regeln** zu beachten, z. B. offene, einfache und direkte Fragen zu formulieren und Warum-Fragen zu vermeiden (Döring und Bortz 2016, S. 403). Vor der

Hauptuntersuchung sollte der Interviewleitfaden erprobt werden, ob die Fragen verständlich sind und ob die für die Befragung notwendige Zeit ausreicht (Döring und Bortz 2016, S. 403).

Um Missverständnisse bei der Befragung zu vermeiden, empfehlen Kuckartz et al. (2008, S. 20) im Interviewleitfaden **Präzisierungshinweise** zu berücksichtigen. Es sei angemerkt, dass sich Mayring nicht zu den Präzisierungshinweisen geäußert hat, sodass für die diejenigen, die sich an den Bearbeitungsleitfaden für qualitative Interviews nach Mayring halten, eine den Präzisierungshinweisen nach Kuckartz angepasste Lösung finden sollten. Unabhängig davon ist ein solcher Leitfaden sehr hilfreich, weil sich die Interviewerin oder der Interviewer mit den Fragen des Interviewleitfadens während der Befragung orientieren und den Gesprächsverlauf strukturieren kann, um für die Forschung relevante Fragen nicht zu übersehen und um nicht vom Thema abzukommen (Kuckartz et al. 2008, S. 21). Die folgende Struktur (Abb. 4.3) mag unter Beachtung des leitenden Beispiels (Abschn. 4.1) eine grobe Orientierung für die eigene Erstellung eines Interviewleitfadens darstellen.

Der **erste Abschnitt** widmet sich der Begrüßung und Vorstellung, für die z. B. vier Minuten eingeplant sind. Das heißt, der Interviewer stellt sich in dieser

I. Begrüßung und Vorstellung (geplant: 4 Min.)
- Vorstellung des Interviewers
- Erklärung des Forschungsthemas und des Zwecks des Interviews sowie der zu stellenden Fragen
- Erläuterung der zentralen Fragestellung: Welches Verhalten zeigen Dozierende gegenüber Studierenden einer Universität?
- Hinweis auf Anonymität, Datenschutz
- Mündliche Einwilligung zur Aufzeichnung des Interviews
- Vorstellung der zu interviewenden Person hinsichtlich Berufsposition und Berufserfahrung

II. Interviewfragen mit Präzisierungshinweisen (geplant 25 Min.)

Fragen		Präzisierungshinweise
1.	Welche positiven oder negativen Erfahrungen haben Sie mit Studierenden gemacht?	
2.	Was tun Sie, damit Studierende Sie als eine lösungsorientierte Person wahrnehmen?	Probeklausur zur Verfügung stellen
3.	Was tun Sie, damit die Studierenden Sie als eine empathische Person wahrnehmen?	Lernschwierigkeiten nachvollziehen
4.	etc.	

III. Danksagung und Verabschiedung (geplant 1 Min.)

Abb. 4.3 Beispielhafter Interviewleitfaden. (Eigene Darstellung)

Zeit vor. Er erklärt das Forschungsthema, den Zweck des Interviews und der zu stellenden Fragen. Zum Beispiel wird die zentrale Fragestellung, welches Verhalten Dozierende einer Universität zeigen, um eine vertrauensvolle Beziehung zu berufsbegleitenden Studierenden aufzubauen, erläutert. Auf die Beachtung der Anonymität der Befragungsperson und auf den Datenschutz ist explizit hinzuweisen und für die Aufzeichnung des Interviews eine schriftliche oder mündliche Einwilligung einzuholen. Zur Abrundung des Abschnitts soll sich die zu interviewende Person im Hinblick auf ihre Berufsposition und Berufserfahrung vorstellen, was jedoch im Transkript anonymisiert wird.

Der **zweite Abschnitt** besteht aus Interviewfragen, die im Vorfeld auf Verständlichkeit überprüft werden sollten. Die Zeit für die Befragung kann häufig zwischen zehn und mehr als 60 Minuten betragen und sollte vorher getestet werden. Die erste Frage dient zunächst als **Aufwärmfrage**. Anschließend werden unter Beachtung des literaturbasierten Bezugsrahmens weitere Fragen gestellt, die der Anzahl der literaturbasierten Kategorien bzw. der Struktur des literaturbasierten Bezugsrahmens folgen. Mit anderen Worten: Es wird zu jeder literaturbasierten Kategorie bzw. zu jeder deduktiven Kategorie eine Frage erstellt. Die Anzahl der Fragen kann zwischen zwei bis 15 oder mehr Fragen liegen, wenn sogenannte ad-hoc-Fragen zusätzlich zu den in der Literatur identifizierten Kategorien berücksichtigt werden. Hilfreich kann es sein, der Befragungsperson **Präzisierungshinweise** im Sinne von Kuckartz zu geben, damit sie die Fragen besser verstehen kann. Solche Hinweise können sich z. B. für das lösungsorientierte Verhalten auf Klausurtipps oder für das empathische Verhalten auf Einfühlen in die Studierenden beziehen. Schließlich erfolgen im **dritten Abschnitt** die Danksagung für das Interview und die Verabschiedung. Hierfür ist eine Minute eingeplant.

▶ **Merke** Der Interviewleitfaden unterstützt den professionellen Auftritt der Interviewerin und des Interviewers.

Nach Überprüfung des Interviewleitfadens auf vollständige, verständliche und redundante Fragen werden im nächsten Schritt die zu interviewenden Personen ausgewählt.

4.6   Befragungspersonen auswählen (6. Schritt)

Qualitative Studien arbeiten nach Döring und Bortz (2016, S. 302) meist mit relativ kleinen Stichproben, die im einstelligen Bereich liegen können. Auf Basis der zu beantwortenden Fragestellungen der Seminar- oder Abschlussarbeit sollten gezielt Befragungspersonen in das Sample aufgenommen werden, die für die Beantwortung der empirischen Fragestellung bedeutsam sind (Döring und Bortz 2016, S. 302).

Um eine **Stichprobe** für einen maximalen theoretischen Erkenntniswert zu erhalten, wird empfohlen, sich für die **theoretische Stichprobenbildung** zu entscheiden (Döring und Bortz 2016, S. 302). Nach Döring und Bortz (2016, S. 302) können bei dieser Stichprobenbildung verschiedene Kriterien zur Auswahl herangezogen werden. Die **Auswahlkriterien**, die beim **Theoretical Sampling** zur Anwendung kommen, werden themenspezifisch bzw. individuell festgelegt (Döring und Bortz 2016, S. 302). Wenn z. B. Dozierende einer Universität befragt werden, heißt das, die Auswahlkriterien richten sich 1. nach der Auswahl der Universität und 2. nach der Dozierenden-Tätigkeit an der ausgewählten Universität. Weitere Auswahlkriterien können je nach formuliertem Thema oder Befragungspersonen sein: Professur, hauptberuflich Lehrende, Dauer der Berufsausübung, Geschlecht, Alter oder zu lesendes Fach einer Universität. Demnach könnten gezielt Dozierende bzw. hauptberuflich tätige Professorinnen und Professoren einer Universität ausgewählt und angesprochen werden. Die Befragungspersonen werden schließlich schriftlich, mündlich oder fernmündlich angesprochen, um sie für die Interviews zu gewinnen. Sinnvoll kann es sein, ihnen den Nutzen des Forschungsvorhabens zu vermitteln und die Ergebnisse der Untersuchung nach der Bewertung der Seminar- oder Abschlussarbeit zukommen zu lassen, damit sie sich für die Teilnahme bereiterklären.

1. Person 1 (P1): mindestens 10 Jahre Dozentin (für Disziplin XYZ), Interview durch-
    geführt in (Stadt, Datum, Uhrzeit, Dauer)
2. Person 2 (P2): mindestens 10 Dozent (für Disziplin XYZ), Interview durchgeführt
    in (Stadt, Datum, Uhrzeit, Dauer)
3. etc.

Abb. 4.4 Beispielhaftes Verzeichnis der ausgewählten Befragungspersonen. (Eigene Darstellung)

Die Erfahrung lehrt, dass es sinnvoll ist, mindestens zwei bis fünf weitere geeignete Personen als die zunächst gewünschte Anzahl an Befragungspersonen anzusprechen. Denn es kann sein, dass von den ausgewählten und angesprochenen Befragungspersonen eine oder mehrere Personen plötzlich den anvisierten Interviewtermin aus verschiedensten Gründen verschieben oder absagen. Das ist nicht nur ärgerlich, sondern auch problematisch, wenn zu wenige zu befragende Personen interviewt worden sind und die Abgabefrist der Seminar- oder Abschlussarbeit keine weiteren Interviews mehr zulassen. In diesem Fall wird dringend empfohlen, Rücksprache mit der betreuenden Dozentin oder mit dem betreuenden Dozenten zu halten. Sollten jedoch die Gesprächstermine von den Befragungspersonen zugesagt und eingehalten worden sein, ist ein Verzeichnis der interviewten Personen anzulegen. Das nachfolgende beispielhafte Verzeichnis der ausgewählten Befragungspersonen (Abb. 4.4) mag hierzu eine erste Orientierung liefern.

▶ **Merke** Die Auswahlkriterien der Befragungspersonen sind genau festzulegen.

Wenn die zu befragenden Personen ihre Teilnahme zugesagt haben, können die Interviews geplant und durchgeführt werden.

4.7   Interviews planen und durchführen (7. Schritt)

Die **organisatorische Umsetzung** der Interviewdurchführung erfolgt in Absprache mit den zu befragenden Personen innerhalb eines festgelegten Zeitraums, z. B. in einer Feldzeit von drei Wochen, um in dieser Zeit von den ausgewählten Befragungspersonen mögliche Interviewtermine zu erhalten sowie die Interviews en bloc zeitnah auswerten zu können. Die Interviews sollten überwiegend in den eigenen Räumlichkeiten der befragten Personen durchgeführt werden. Allerdings sind auch Interviews via Video-Call oder Telefon denkbar. Vor den durchzuführenden Interviews sollte als Überblick ein **Transkriptionsplan** bzw. ein Transkriptionskopf nach Misoch (2019, S. 273) angelegt werden, der die Interview führende Person und die anonymisierten Befragungspersonen beinhaltet. Überdies enthält er zum einen Hinweise zur Einverständniserklärung der befragten Personen, die forschungsethische Sicht, die Aufzeichnungsart, Transkriptionsregeln und das Interviewprotokoll. Zum anderen zeigt er die Feldzeit, die Pausenregelung, die Dauer der Interviews, die Verwendung von Zeitstempeln im Interview und die Gesprächsorte an. Die nachstehende Tabelle deutet einen beispielhaften Transkriptionsplan (Abb. 4.5) an.

Interviewer:	Vorname, Name
Teilnehmer (anonymisiert):	11 Frauen: P1, P2, P3, P4, P6, P9, P11, P12, P13, P17, P18 9 Herren: P5, P7, P8, P10, P14, P15, P16, P19, P20
Einverständnis-erklärung:	Alle interviewten Personen haben vor Beginn des Interviews bzw. der Audio-Aufnahme ihre mündliche Einwilligung abgegeben; auf eine schriftliche Einwilligung ist wegen der sensiblen persönlichen Daten und Gesprächsinhalte verzichtet worden
Forschungsethische Sicht:	Hinweis auf Schutz der Privatsphäre erfolgt jeweils vor Beginn der Audio-Aufzeichnung
Aufzeichnung:	Es erfolgt eine digitale Tonaufzeichnung mit einem Gerät, das in der Nähe der Teilnehmer für eine hohe, verständliche Aufnahmequalität platziert worden ist.
Transkriptions-regeln:	Es wird nach Dresing & Pehl (2018, S. 21–23) inhaltlich-semantisch transkribiert, d. h.: • wörtliches, aber nicht lautsprachliches Transkribieren im Schriftdeutsch; • Berücsichtigung umgangssprachlicher Redewendungen; • Dialekte werden ins Hochdeutsche übersetzt; • für die Lesbarkeit des Transkripts werden Interpunktion, Räuspern oder andere Rezeptionssignale geglättet; • Redepausen und emotionale nonverbale Äußerungen werden in Klammern gesetzt; die Sekunden der Redepausen werden in Klammern und mit Punkten angedeutet, d. h. von einer Sekunde (.) bis zu fünf Sekunden (.....); • jeder Beitrag eines Teilnehmers erhält einen eigenen Absatz; • die Teilnehmer werden anonymisiert, z. B. Person 1 bzw. P1, der Interviewer wird mit I gekennzeichnet; • das Transkript hat eine Zeilennummerierung mit einem fünfer Zählintervall.
Interviewproto-koll:	Zur Erfassung von nonverbalen Signalen der interviewten Personen sind handschriftliche Gesprächsnotizen berücksichtigt worden.
Feldzeit:	von … bis …
Pausen:	Keine
Dauer:	geplante Dauer: 30 Minuten; die Interviews variieren von x Minuten bis zu x Minuten
Zeitstempel:	Messung zu Beginn und Ende in Minuten
Ort:	an wechselnden Standorten

Abb. 4.5   Beispielhafter Transkriptionsplan. (Eigene Darstellung)

Für die **Durchführung der Interviews** wird der erstellte Interviewleitfaden verwendet. Das bedeutet, dass nach der Begrüßung ein Small Talk erfolgt, um den jeweiligen Befragungspersonen für das hieran anknüpfende Interview aufzuwärmen. Während des Small Talks wird jede Befragungsperson im Sinne von Döring und Bortz (2016, S. 382) auf die Bedeutung der Befragung hingewiesen und ihre Anonymität zugesichert. Es wird das schriftliche oder mündliche Einverständnis zur Aufzeichnung des Interviews und zur Nutzung von Gesprächsnotizen eingeholt. Vor dem Interview stellen die Befragungspersonen ihre Berufsposition und Berufserfahrung vor.

Danach erfolgt die Audio-Aufnahme. Für die Aufzeichnung der Interviews bzw. für die Audio-Aufnahmen der Interviews stehen der Forschung verschiedene **Speech-to-Text-Applikationen** zur Verfügung. Zu beachten wären die mit der Speech-to-Text-App verbundenen Kosten, Einsatzmöglichkeiten, Einarbeitungshürden, Zeitstempel-Möglichkeiten und Umfang der unterschiedlich aufzunehmenden Stimmen. Ferner sollten in Absprache mit den Befragungspersonen **Gesprächsnotizen** erfolgen, um während des Interviews das nonverbale Verhalten der Befragungspersonen festzuhalten. Zum Beispiel könnte notiert werden, dass alle befragten Personen einen engagierten, konzentrierten, interessierten und aufmerksamen Eindruck für die Interviews zeigen. Überdies wäre zu notieren, ob die befragte Person für die Dauer der Interviews Zeitdruck hatte, um private oder berufstypische Termine wahrzunehmen. Darüber hinaus sollte aufgeschrieben werden, ob die Gesprächsräume einen aufgeräumten und professionellen Eindruck vermittelten, ob die Interviews von plötzlich eintretenden Personen oder unerwarteten Anrufen gestört wurden und ob die Raumtemperaturen warm oder kalt waren. Bezüglich der wahrgenommenen Video-Calls kann festgehalten werden, ob es audio-visuelle Störungen gab und ob Bild und Ton klar und deutlich waren.

Wichtig bei qualitativen Interviews ist dabei vor allem die sogenannte **erzählgenerierende Einstiegsfrage**. Diese sollte im Interviewleitfaden stehen und zu Beginn des Interviews gestellt werden, damit der Interviewpartner zum ausführlichen Erzählen angeregt wird. Die Fragen des halbstandardisierten Interviewleitfadens werden sukzessive und situativ gestellt. Wenn die Befragungsperson auf die gestellten Fragen des Interviewleitfadens antwortet, darf sie von der Interviewerin oder vom Interviewer mit nonverbalen Signalen zum Weiterreden motiviert werden. Es sollten in diesem Kontext **mehrere Aspekte in der Interviewführung** von der Interviewerin und vom Interviewer berücksichtigt werden, indem beispielsweise vertrauensbildende Maßnahmen im Gespräch ergriffen werden, aktiv zugehört wird, einfache, klar verständliche Fragen aus dem Interviewleitfaden gestellt werden, Fremd- und Fachworte bei Laien sowie Fragen mit zu vielen Nebensätzen oder zu vielen Worten und persönliche Bewertungen vermieden werden, Details in den Antworten erfragt werden und auf nonverbale Signale der Befragungsperson geachtet wird. Am Ende des Gesprächs erfolgt ein Dank für die Teilnahme (Döring und Bortz 2016, S. 383).

In diesem Kontext sollten **typische Fehler im Interview** beachtet und damit vermieden werden, die z. B. darin bestehen, dass Themen aus Zeitgründen nicht spezifiziert, Themen des Befragten von der Interviewerin oder vom Interviewer ignoriert oder Fragen wegen der Interviewsituation falsch formuliert werden sowie dem Befragten die Struktur des Leitfadens aufgedrängt und ein Nachfragen ausgelassen wird (Gläser und Laudel 2010, S. 187–190; Misoch 2019, S. 234–242).

Während der Durchführung der ersten Interviews kann es sein, dass sich die **Antworten der Befragungspersonen wiederholen** oder dass ihre Antworten ähnlich lauten. In diesem Fall ist darüber nachzudenken, ob die Anzahl der Befragungspersonen bzw. der Stichprobe beschränkt wird. Im Idealfall wird im Sinne von Döring und Bortz (2016, S. 302) die Stichprobenziehung erst dann abgeschlossen, wenn aufgrund der erarbeiteten Ergebnisse der bereits geführten Interviews der Eindruck entstanden ist, dass die Befragung von weiteren Befragungspersonen keinen neuen Informationsgehalt für die hiermit verbundene Ableitung von Hypothesen verbunden ist. Insofern sollte auf die **theoretische Sättigung** aus forschungsökonomischen Gründen geachtet werden (Döring und Bortz 2016, S. 302). Wird also beispielsweise nach acht Interviews festgestellt, dass sich seit der siebten Befragungsperson die Aussagen wiederholen, dann mag eine theoretischen Sättigung vorliegen, die dazu führt, dass auf die Durchführung des neunten Interviews und weiterer Befragungen verzichtet wird (Döring und Bortz 2016, S. 302).

▶   **Merke**   Ein Transkriptionsplan unterstützt die Gütekriterien Regelgeleitetheit, Verfahrensdokumentation und die intersubjektive Nachvollziehbarkeit.

Da ein durchgeführtes Interview noch am Tag seiner Durchführung präsent im Gedächtnis sein sollte, wird empfohlen, alle Audio-Aufnahmen noch am Aufzeichnungstag in eine lesbare Form zu bringen. Das heißt, die mit einer Speech-to-Text-App aufgezeichneten Interviews werden im nächsten Schritt für die Inhaltsanalyse aufbereitet.

4.8   Transkripte für die Inhaltsanalyse aufbereiten (8. Schritt)

Die **Transkription** ist eine Verschriftlichung menschlicher Kommunikation, und zwar meist auf der Grundlage einer technischen Audio-Aufzeichnung (Kuckartz et al. 2008, S. 25–26). Im Interview fällt es wegen der Dynamik eines Gesprächs zwischen einer befragenden Person und einer befragten Person meist nicht direkt auf, dass die Befragungsperson nicht durchgehend ein sogenanntes Schriftdeutsch spricht. Häufig wird nicht in Subjekt-Prädikat-Objekt-Sätzen, sondern elliptisch geantwortet. Ferner charakterisieren Gedankensprünge und undeutliche Aussagen, die korrekt von einer Speech-to-Text-App aufgezeichnet worden sind, ein Interview. Für die Inhaltsanalyse werden diese aufgezeichneten Interviews, d. h. Transkripte, bearbeitet, indem sie zunächst in eine **lesbare Form** gebracht werden. Denn wissenschaftliche Transkriptionen erfordern vor ihrer Kodierung eine **Aufbereitung für ihre intersubjektive Nachvollziehbarkeit**. Für ihre Evaluation benötigen sie hierzu ein festes, aber einfaches und schnell erlernbares **Regelsystem** (Kuckartz et al. 2008, S. 27). Solche Regeln ermöglichen eine klare Nachvollziehbarkeit bei der Generierung des schriftlichen Datenmaterials, indem wörtlich transkribiert, die Sprache und Interpunktion leicht geglättet, Anonymität und längere Pausen markiert werden (Kuckartz et al. 2008, S. 27–28).

Für die Bearbeitung der transkribierten Interviews können beispielsweise die **Transkriptionsregeln** nach Dresing und Pehl (2018, S. 20–25) angewendet werden, um einheitlich bearbeitete Transkripte zu erhalten. Überdies ist es für die spätere Zitierung oder für die Angabe von Fundstellen hilfreich, wenn alle Transkripte, die im Anhang einer Seminar- oder Abschlussarbeit stehen, eine eigene Zeilennummerierung, z. B. im fünfer Zählintervall, erhalten. Folgende ausgewählte Transkriptionsregeln dienen beispielsweise der inhaltlich-semantischen Transkribierung im Sinne von Dresing und Pehl (2018):

- Es erfolgt ein wörtliches, aber nicht lautsprachliches Transkribieren im Schriftdeutsch.
- Umgangssprachlicher Redewendungen werden berücksichtigt.
- Dialekte werden ins Hochdeutsche übersetzt.
- Für die Lesbarkeit des Transkripts werden Interpunktion, Räuspern oder andere Rezeptionssignale geglättet, d. h., sie erscheinen nicht im Transkript.
- Redepausen und emotionale nonverbale Äußerungen werden in Klammern gesetzt; die Sekunden der Redepausen werden in Klammern und mit Punkten angedeutet, d. h. von einer Sekunde (.) bis zu fünf Sekunden (…..).
- Sowohl die Interviewerin oder der Interviewer als auch jede Befragungsperson erhalten zur besseren Übersicht der Redebeiträge einen eigenen Absatz.
- Die Teilnehmer werden anonymisiert, z. B. Person 1 bzw. P1, der Interviewer wird mit I gekennzeichnet.
- Das Transkript hat eine Zeilennummerierung, z. B. mit einem fünfer Zählintervall.

Bei der Anwendung dieser Regeln kann ein Transkript, wie im beispielhaften Auszug eines Transkripts (Abb. 4.6) dargestellt, folgendes Aussehen haben.

105 **I:** Ja, okay. (.) Was tun Sie, damit die Studierenden Sie als eine loyale Lehrperson wahrnehmen? (..)

P9: Manche Dinge können die Studierenden ja erst hinterher bewerten. Also ich sag mal: Sowas wie loyal oder zuverlässig war ich mit meinen Klausurtipps, das wissen sie erst am Ende des Semesters. Aber da kann man
110 natürlich sowas wie einen Vorschuss geben und sagen: Bis jetzt sind bei mir alle Studierenden gut durchgekommen, die diesen oder jenen Tipp befolgt haben. Und bei den anderen Themen, wenn so ad-hoc-Fragen kommen, dann muss man natürlich das auch sofort umsetzen. Also wenn Fragen kommen: Können wir beim nächsten Mal mehr auf dieses oder jenes
115 eingehen? Oder ich sage auch am Anfang: Ich habe eine gewisse Flexibilität in meinem Skript. Also ich frage immer nach den Erwartungen, die Sie in dem Modul haben, gleiche das mit dem ab, was ich geplant habe und sage: Ich habe eine gewisse Flexibilität, auf Dinge einzugehen, und nehme dann auch noch Wünsche auf, die dann im Rahmen des Curriculums auch
120 passend sind. (…) Solche Dinge muss man dann natürlich auch tatsächlich machen. (..) Das Wort dann auch einhalten. (..) Was man ja auch immer wieder als Dozent erlebt. Ich weiß nicht, das geht bei ihnen vielleicht eh nicht, dass man in den Pausen so Zwischengesprächen mitbekommt, oder ich habe tatsächlich auch mal so Fälle gehabt, dass die in der Vorlesung
125 sich bei mir über andere beschwert haben, über andere Dozenten. Vor allem dann, wenn ich irgendwie sage, dieses und jenes haben sie doch schon bestimmt gehabt, weil ich immer den Studienverlaufsplan kenne. Da haben sie gewisse Module schon gehabt, die ja Voraussetzungen für Themen sind, die ich behandle. Dann sage ich: Das haben sie ja bestimmt schon in
130 Management Basics behandelt oder sonstwo. (…) Und dann kommen oft so Dinge. Oder ich habe auch Trendforschung und Innovation und Design Thinking, die laufen parallel. Und da gibt es natürlich immer wieder Schnittstellen und Parallelen. Und dann sagen die: Ja, nein, das machen wir aber gar nicht im Design Thinking, der Dozent macht, was er will. Es gibt dann
135 Beschwerden, also kommen wirklich Beschwerden über andere Dozenten. Und ich glaube, das ist auch so ein Stückchen Vertrauen, was die einem entgegenbringen, was natürlich auch immer grenzwertig ist, weil es ja nicht um persönliche Kritik an Kollegen geht, sondern ja um die Sache geht. (…)

Abb. 4.6 Beispielhafte Anwendung von Transkriptionsregeln. (Eigene Darstellung)

▶ **Merke** Transkripte sind für ihre bessere Lesbarkeit und vor der Inhaltsanalyse aufzubereiten.

Nachdem die Transkripte mit den Transkriptionsregeln versehen bzw. lesbar gemacht worden sind, wird ein Kodierleitfaden entwickelt.

4.9 Kodierleitfaden für die Inhaltsanalyse erstellen (9. Schritt)

Die **Kodierung** der Interviews dient der Entdeckung von **induktiven Kategorien** in den Transkripten. Mit der Kodierung sind **Kodierregeln** verbunden, d. h., es werden für die zu entdeckenden Kategorien im Sinne des Gütekriteriums Regelgeleitetheit Regeln festgelegt. Damit verbunden ist, dass jede literaturbasierte Kategorie eine eigene Farbe oder unterschiedliche Grautöne erhält. Die Farb- oder Grautonzuweisung ist frei gestaltbar. Sie kann aber auch nach farbpsychologischen Überlegungen bestimmt werden.

In diesem Zusammenhang kann ein Kodierleitfaden, der im Anhang einer Seminar- oder Abschlussarbeit steht, entweder nach Mayring oder Kuckartz erstellt werden. Wird der **Kodierleitfaden nach Mayring** erstellt, dann sollte er als Tabelle (Abb. 4.7) unter Beachtung des leitenden Beispiels (Abschn. 4.1) folgenden Aufbau haben:

In der Lesart der ersten Zeile von links nach rechts sollte der Kodierleitfaden die literaturbasierten Kategorien enthalten. Hierzu wird jede **literaturbasierte Kategorie** nach dem Kategorienverständnis der Studierenden definiert. Für jede Kategorie, die in den Transkripten entdeckt wird, wird ein **Ankerbeispiel** exemplarisch nach dem Textverständnis der Studierenden ausgewählt. Die Kordier-

Literaturbasierte Kategorien	Definition der literaturbasierten Kategorien	Ankerbeispiele	Kodierregeln	Farbliche Markierungen im Transkript
Lösungsorientiertes Verhalten	Lösungen beziehen sich auf Tipps zu den Prüfungsleistungen.	Er soll Lösungen für die Klausur liefern.	Alle Textstellen, die lösungsorientiertes Verhalten aufzeigen.	Textstellen mit gelber Farbe markieren
Empathisches Verhalten	Empathie bezieht sich auf Mitdenken und Mitfühlen der studentischen Situation.	Sie sollte meinen beruflichen und privaten Hintergrund kennen.	Alle Textstellen, die empathisches Verhalten aufzeigen.	Textstellen mit roter Farbe markieren

Abb. 4.7 Beispielhafter Auszug aus einem Kodierleitfaden nach Mayring. (Eigene Darstellung)

regeln sind ebenso subjektiv von der Verfasserin bzw. vom Verfasser zu formulieren und hierfür eine eindeutige Farbe für die späteren Textmarkierungen in den Transkripten zu bestimmen. Das heißt, jede Kategorie erhält eine eigene, unverwechselbare Farbe. Statt Farben können auch unterschiedliche Grautöne verwendet werden. Sollte es zu viele literaturbasierte Kategorien geben, die mit den Farben oder Grautönen im Kodierleitfaden nicht mehr deutlich unterscheidbar markiert werden können, ist zu überlegen, ob die Anzahl der Kategorien mit neuen Oberbegriffen zu Oberkategorien zusammengefasst werden kann. Dies ist insofern hilfreich, da es aus **forschungsökonomischen Gründen** nicht darum geht, z. B. 30 Farben oder Grautöne für die deduktiven Kategorien zu haben, sondern mit wenigen Kategorien menschliches Verhalten zu beschreiben. Optimal wäre eine Anzahl von unter zehn verschiedenen Kategorien.

Im Unterschied zu Mayring wird beim **Kodierleitfaden nach Kuckartz** auf die Suche nach einem Ankerbeispiel je Kategorie verzichtet. Wird der Kodierleitfaden nach Kuckartz erstellt, dann sollte er als Tabelle (Abb. 4.8) unter Beachtung des leitenden Beispiels (Abschn. 4.1) folgenden Aufbau haben:

Die Tabelle ist in der ersten Zeile von links nach rechts zu lesen. Das heißt, dass jede literaturbasierte Kategorie nach dem Kategorienverständnis der Studentin oder des Studenten definiert wird. Die Kordierregeln sind ebenso subjektiv von der Verfasserin bzw. vom Verfasser zu formulieren und hierfür eine eindeutige Farbe für die späteren Textmarkierungen in den Transkripten zu bestimmen. Das heißt, jede Kategorie erhält eine eigene, unverwechselbare Farbe. Statt Farben können auch unterschiedliche Grautöne verwendet werden. Diese Regeln sollen sowohl im Hinblick auf die zu entdeckenden Kategorien als auch praktikabel auf die Transkripte anwendbar sein (Kuckartz et al. 2008, S. 36).

Der erstellte Kodierleitfaden nach Mayring oder Kuckartz ist im Sinne des Gütekriteriums intersubjektive Nachvollziehbarkeit zu kommentieren. Nachstehend wird in Anlehnung an den Kodierleitfaden nach Kuckartz eine beispielhafte auszugweise **Argumentation des Kodierleitfadens** (Abb. 4.9) dargelegt:

▶ **Merke** Ohne Kodierleitfaden ist die Inhaltsanalyse nicht regelgeleitet, intersubjektiv nachvollziehbar und nicht dokumentiert.

Mit dem Kodierleitfaden bzw. mit den Kodierregeln erfolgt die kategoriengeleitete Inhaltsanalyse der aufbereiteten, sprachlich geglätteten Transkripte, um sie nach induktiven Kategorien auszuwerten. Der nach Mayring oder Kuckartz erstellte Kodierleitfaden wird für die Inhaltsanalyse im nächsten Schritt auf die Transkripte angewendet.

Literaturbasierte Kategorien	Definition der literaturbasierten Kategorien	Kodierregeln	Farbliche Markierungen im Transkript
Lösungsorientiertes Verhalten	Lösungen beziehen sich auf Tipps zu Aufgabenstellungen und Prüfungsleistungen.	Alle Textstellen, die lösungsorientiertes Verhalten aufzeigen	Textstellen mit gelber Farbe markieren
Nutzenorientiertes Verhalten	Nutzen bezieht sich auf Vorteilsgewinnung oder Nachteilsvermeidung im Studium und im Beruf.	Alle Textstellen, die nutzenorientiertes Verhalten aufzeigen	Textstellen mit blauer Farbe markieren
Orientierung gebendes Verhalten	Orientierung bezieht sich auf Erklärungen, Informationsweitergabe und Darstellung von Zusammenhängen im Studium und für den Beruf.	Alle Textstellen, die Orientierung gebendes Verhalten aufzeigen	Textstellen mit grüner Farbe markieren

Abb. 4.8 Beispielhafter Auszug aus einem Kodierleitfaden nach Kuckartz. (Eigene Darstellung)

Die drei literaturbasierten Hauptkategorien betreffen lösungs- und nutzenorientiertes, Orientierung gebendes vermittelndes Verhalten. Das lösungsorientierte Verhalten hat die Definition: Lösungen beziehen sich auf Tipps zu Aufgabenstellungen und Prüfungsleistungen. Die Kodierregel lautet: Alle Textstellen, die lösungsorientiertes Verhalten aufzeigen. Dieser Kategorie wird eine gelbe Farbe zugeordnet. Das nutzenorientierte Verhalten hat die Definition: Nutzen bezieht sich auf Vorteilsgewinnung oder Nachteilsvermeidung im Studium oder im Beruf. Die Kodierregel lautet: Alle Textstellen, die nutzenorientiertes Verhalten aufzeigen. Dieser Kategorie wird eine blaue Farbe zugeordnet. Das Orientierung gebende Verhalten hat die Definition: Orientierung bezieht sich auf Erklärungen, Informationsweitergabe und Darstellung von Zusammenhängen im Studium und für den Beruf. Die Kodierregel lautet: Alle Textstellen, die Orientierung gebendes Verhalten aufzeigen. Diese Kategorie wird mit grüner Farbe definiert.

Abb. 4.9 Beispielhafte Argumentation zum Kodierleitfaden. (Eigene Darstellung)

4.10 Inhaltsanalyse der Interviews (10. Schritt)

Die Inhaltsanalyse wertet die Transkripte nach **induktiven Kategorien** aus. Sie kann beispielsweise im Sinne von Mayring oder Kuckartz erstellt werden. Gleichwohl gibt es z. B. mit der Inhaltsanalyse nach Gläser und Laudel (2010) oder Berner (2023) noch weitere Forschende, die mit ihren Ansätzen für die Inhaltsanalyse geeignet erscheinen. Die Inhaltsanalyse nach Mayring oder Kuckartz sind populär und wissenschaftlich anerkannt, auch wenn es hierzu unterschiedliche Ansichten bzw. Meinungen in der wissenschaftlichen Community gibt. Sowohl der Ansatz nach Mayring als auch der Ansatz nach Kuckartz haben im Vergleich ihre Vor- und Nachteile, auf die hier nicht näher eingegangen wird, weil die mit ihnen verbundenen Vorteile die Nachteile überwiegen.

Nachstehend wird ein beispielhafter Auszug (Abb. 4.10) aus einem Transkript mit der **Inhaltsanalyse nach Mayring** präsentiert, indem in mehreren Schritten der Urtext bzw. die Aussagen der Befragungsperson mithilfe von Auslassungen, Paraphrasierung, Generalisierung und Kategorisierung in der Weise verdichtet werden, um induktive, im Transkript entdeckte und interpretierte Kategorien zu gewinnen.

Transkript bzw. Aussagen der Befragungsperson	Textkürzung nach Auslassungen	Textverdichtung nach Paraphrasierung	Textverdichtung nach Generalisierung	Entdeckte, interpretierte Kategorien
… Den meisten Menschen dürfte bekannt sein, dass unsere Erde durch Düsenjets mit Mach 2, Internet und Mobiltelefonie ja richtig klein erscheint, sie wirkt uns weniger groß. …	… erscheint die Erde durch Düsenjets, Internet und Mobiltelefonie klein …	… Erde erscheint durch Düsenjets, Internet und Mobiltelefonie klein …	… Erde vernetzt durch Düsenjets, Internet und Mobiltelefonie …	technischer Fortschritt

Abb. 4.10 Beispielhafter Auszug einer Inhaltsanalyse nach Mayring. (Eigene Darstellung)

Ziel ist es, mit der Inhaltsanalyse systematisch, in nachvollziehbaren Schritten Kategorien zu erhalten, die als induktive Kategorien bezeichnet werden. Die Lesart der obenstehenden Tabelle ist von links nach rechts, sodass die Aussage der Befragungsperson nach dem **hermeneutischen Verständnis der Interviewerin und des Interviewers**, d. h. nach dem **Textverständnis** und der **Textinterpretation** der Studierenden, Schritt für Schritt auf Kategorien reduziert wird. In dem obenstehenden Beispiel erfolgt sukzessive eine Reduzierung von 26 Wörtern auf zwei Wörter bzw. auf eine Kategorie.

Der ursprüngliche Text bzw. die Aussage der Befragungsperson wird im ersten Schritt nach **Auslassungen** bzw. Füllwörtern und Floskeln durchsucht, um den Text zu kürzen. Im nächsten Schritt wird der Text mit der **Paraphrasierung** verdichtet, um ihn auf seine Kernaussage zu reduzieren. Im folgenden Schritt wird der verdichtete Text mit der **Generalisierung** weiter abstrahiert bzw. verdichtet, sodass im letzten Schritt die **Kategorie** oder die **Kategorien** erkennbar werden. Zwar wird der Text auf zwei Wörter bzw. eine Kategorie reduziert. Es könnten aber auch die Kategorien Digitalisierung oder digitale Transformation als mögliche Kategorien interpretiert werden. Zusätzlich wird angemerkt, dass es keine Vorgaben gibt, wie eine tabellarische Verdichtung oder Darstellung des zu verdichtenden Transkriptes auszusehen hat.

Kuckartz hat dagegen einen **anderen Ansatz**. Er verzichtet auf eine Textverdichtung in mehreren Schritten. Vielmehr betont er die **Hermeneutik** bzw. das **Textverständnis** und die **Interpretationsfähigkeit** der Forschenden **beim Lesen der Transkripte**. Da dies ein subjektives Verfahren ist, das demnach subjektives Textverständnis und subjektive Textinterpretation beinhaltet, kann es wie bei Mayring zu unterschiedlichen induktiven Kategorien kommen. Nachfolgend wird ein beispielhafter Auszug einer Inhaltsanalyse nach Kuckartz angezeigt (Abb. 4.11).

▶   **Merke** Die Inhaltsanalyse dient der Entdeckung von induktiven Kategorien.

Unabhängig von der der spezifischen Inhaltsanalyse nach Mayring oder Kuckartz erhält jede Textstelle nur eine Farbmarkierung aus dem Kodierleitfaden, sodass im nächsten Schritt eine Tabelle als Kategoriensystem erstellt wird.

105 **I:** Ja, okay. (.) Was tun Sie, damit die Studierenden Sie als eine loyale Lehrperson wahrnehmen? (..)

P9: Manche Dinge können die Studierenden ja erst hinterher bewerten.
Also ich sag mal: Sowas wie loyal oder zuverlässig war ich mit meinen Klausurtipps, das wissen sie erst am Ende des Semesters. Aber da kann man
110 natürlich sowas wie einen Vorschuss geben und sagen: Bis jetzt sind bei
mir alle Studierenden gut durchgekommen, die diesen oder jenen Tipp befolgt haben. Und bei den anderen Themen, wenn so ad-hoc-Fragen kommen, dann muss man natürlich das auch sofort umsetzen. Also wenn Fragen kommen: Können wir beim nächsten Mal mehr auf dieses oder jenes
115 eingehen? Oder ich sage auch am Anfang: Ich habe eine gewisse Flexibilität in meinem Skript. Also ich frage immer nach den Erwartungen, die Sie
in dem Modul haben, gleiche das mit dem ab, was ich geplant habe und
sage: Ich habe eine gewisse Flexibilität, auf Dinge einzugehen, und nehme
dann auch noch Wünsche auf, die dann im Rahmen des Curriculums auch
120 passend sind. (…) Solche Dinge muss man dann natürlich auch tatsächlich
machen. (..) Das Wort dann auch einhalten. (..) Was man ja auch immer
wieder als Dozent erlebt. Ich weiß nicht, das geht bei ihnen vielleicht eh
nicht, dass man in den Pausen so Zwischengesprächen mitbekommt, oder
ich habe tatsächlich auch mal so Fälle gehabt, dass die in der Vorlesung
125 sich bei mir über andere beschwert haben, über andere Dozenten. Vor allem dann, wenn ich irgendwie sage, dieses und jenes haben sie doch schon
bestimmt gehabt, weil ich immer den Studienverlaufsplan kenne. Da haben
sie gewisse Module schon gehabt, die ja Voraussetzungen für Themen
sind, die ich behandle. Dann sage ich: Das haben sie ja bestimmt schon in
130 Management Basics behandelt oder sonstwo. (…) Und dann kommen oft
so Dinge. Oder ich habe auch Trendforschung und Innovation und Design
Thinking, die laufen parallel. Und da gibt es natürlich immer wieder Schnittstellen und Parallelen. Und dann sagen die: Ja, nein, das machen wir aber
gar nicht im Design Thinking, der Dozent macht, was er will. Es gibt dann
135 Beschwerden, also kommen wirklich Beschwerden über andere Dozenten.
Und ich glaube, das ist auch so ein Stückchen Vertrauen, was die einem
entgegenbringen, was natürlich auch immer grenzwertig ist, weil es ja nicht
um persönliche Kritik an Kollegen geht, sondern ja um die Sache geht. (…)

Abb. 4.11   Beispielhafter Auszug einer Inhaltsanalyse nach Kuckartz. (Eigene Darstellung)

4.11   Kategoriensystem erstellen (11. Schritt)

Die in der Literatur entdeckten Kategorien werden deduktive Kategorien und die in den Transkripten entdeckten Kategorien werden induktive Kategorien genannt. Für die Zusammenfassung und Strukturierung dieser Kategorien ist eine Tabelle geeignet. Diese **Tabelle** stellt das **Kategoriensystem** der qualitativen Forschung dar. Sie enthält die deduktiven Kategorien und die induktiven Kategorien. Die induktiven Kategorien werden den deduktiven Kategorien zugeordnet, sodass sie sie näher beschreiben.

Es kann jedoch sein, dass von den induktiven Kategorien **keine Kategorie** einer deduktiven Kategorie **zugeordnet** werden kann, weil in der Literatur hierzu keine deduktiven Kategorien gefunden worden sind. Solche Kategorien stehen zwar außerhalb des Kategoriensystems, sie sind aber wichtige Ergebnisse wissenschaftlichen Arbeitens und sie können für die spätere Hypothesenbildung verwendet werden. Ferner ist es möglich, dass **eine induktive Kategorie mehreren deduktiven Kategorien zugeordnet** wird, weil sich diese Kategorien in den Antworten der Befragungspersonen auf die kategorienspezifischen Fragen wiederholen. Die nachstehende Tabelle (Abb. 4.12) präsentiert, wie ein solches Kategoriensystem aussehen kann, wenn beispielsweise nur **eine Person** befragt worden ist und alle induktiven Kategorien den deduktiven Kategorien zugeordnet worden sind.

Das obenstehende beispielhafte Kategoriensystem kann **zeilen- und spaltenweise diskutiert** werden, indem Gemeinsamkeiten und Unterschiede zwischen den deduktiven und induktiven Kategorien betrachtet werden. Eine solche Betrachtung ist Gegenstand der Diskussion des Kategoriensystems.

Wenn es sich nur um ein Interview mit einer Befragungsperson handelt, hat das Kategoriensystem meistens einen deutlich kleineren Umfang als ein Kategorien-

Literaturbasierte, deduktive Ober- und Subkategorien	Lösungsorientiertes Verhalten • Hinweise geben	Empathisches Verhalten • mitfühlender Gesichtsausdruck
Zugeordnete, aus den Interviews erhobene **induktive Kategorien**	• Hinweise geben • Probeklausuren nutzen	• Verständnis für Studierende zeigen • die Stimmung im Hörsaal aufnehmen • auf Blickkontakt achten

Abb. 4.12 Beispielhaftes Kategoriensystem mit einer Befragungsperson. (Eigene Darstellung)

system, das Kategorien **aus mehreren Interviews der befragten Personen** beinhaltet. Jedoch kann ein Kategoriensystem, das 20 Personen enthält, die Größe eines DIN-A4-Blattes im Hoch- oder Querformat sprengen, wenn die einzelnen Aussagen der Befragungspersonen im Kategoriensystem erscheinen sollen. Exemplarisch könnten die limitierten Platzverhältnisse einer Seite gelöst werden, indem sowohl die **Kategoriensysteme der einzelnen Befragungspersonen** als auch das zusammengefasste Kategoriensystem im Anhang einer Seminar- oder Abschlussarbeit steht. Sollte dagegen das **zusammengefasste Kategoriensystem im Textbereich** auf einer Seite im Hochformat stehen, verbleiben die Kategoriensysteme der einzelnen Befragungspersonen im Anhang einer Seminar- oder Abschlussarbeit. Das **zusammengefasste Kategoriensystem steht im Textbereich** und enthält zu jeder Aussage der Befragungspersonen zu einer deduktiven Kategorie eine zeilenweise Markierung (x). Das nachstehende Auszugsbeispiel eines Kategoriensystems mit bis zu acht Befragungspersonen (P1–P8) (Abb. 4.13) mag dies verdeutlichen.

Die Vielzahl der Markierungen (x) erlaubt nicht nur einen spalten- und zeilenweisen Vergleich und damit eine Diskussion bzw. einen Vergleich zwischen den Gemeinsamkeiten und Unterschieden zwischen den deduktiven und induktiven Kategorien, sondern auch eine Betrachtung der Auffälligkeiten unter den Befragungspersonen. Beispielsweise ist bei zeilenweiser Betrachtung auffällig, dass

Fachkompetenz								
Deduktive Kategorien	**Zugeordnete induktive Kategorien der befragten Personen 1 bis 8**							
	P1	**P2**	**P3**	**P4**	**P5**	**P6**	**P7**	**P8**
Lösungsorientiertes Verhalten								
Lösungskompetenz zeigen	X	X	X	X	X	X	X	X
Nutzenorientiertes Verhalten								
eigene Berufserfahrung vermitteln	X	X	X	X		X		
Orientierung gebendes Verhalten								
Überwachen des Lernfortschritts		X	X	X	X	X	X	
Sozialkompetenz								
Empathisches Verhalten								
Stimmung im Hörsaal aufnehmen		X				X		

Abb. 4.13 Beispielhaftes Kategoriensystem mit mehreren Befragungspersonen. (Eigene Darstellung)

fachkompetentes Verhalten der befragten Personen differenziert zu betrachten wäre. Während alle ihre Lösungskompetenz zeigen, vermitteln drei Befragungspersonen ihre Berufserfahrung nicht. Hinsichtlich des sozialkompetenten Verhaltens der Befragungspersonen gibt es nur zwei von acht Personen, die die Stimmung im Hörsaal aufnehmen. Des Weiteren ist bei spaltenweiser Betrachtung des Kategoriensystems sichtbar, dass zwei Dozierende alle Kategorien im Hörsaal beachten.

▶   **Merke** Das Kategoriensystem ist ein wesentliches Ergebnis der qualitativen Forschung.

Hiernach wird der letzte Schritt der qualitativen Untersuchung eingeleitet, indem Hypothesen aus den Erkenntnissen des vorhandenen Kategoriensystems abgeleitet werden.

4.12   Hypothesen ableiten (12. Schritt)

Die Ableitung von Hypothesen ist ein wesentliches Ergebnis der qualitativen Forschung. Im Rahmen der abzuleitenden Hypothesen sollten die Hypothesen so formuliert werden, dass es eine **Null-Hypothese** und eine hierzu entsprechende **Alternativ-Hypothese** gibt. Ferner ist zwischen einer **Zusammenhang- und Kausalhypothese** zu unterscheiden.

Welche **Null-Hypothesen** aus den Erkenntnissen des diskutierten Kategoriensystems formuliert werden, entscheiden die Studierenden. Die Null-Hypothesen werden **negativ** formuliert. Die Null-Hypothese sollte der Einfachheit halber als Zusammenhang- oder Kausal-Hypothese formuliert werden. Eine **Zusammenhang-Hypothese** kann im Rahmen der Null-Hypothese abstrahiert heißen: A und B stehen nicht in einem Zusammenhang. Oder bei einem gerichteten Zusammenhang: A steht nicht in einem positiven Zusammenhang mit B. Dagegen kann eine **Kausal-Hypothese** bzw. Ursache-Wirkungs-Hypothese im Rahmen der Null-Hypothese heißen: A bewirkt nicht B. Oder: B bewirkt nicht A.

Die **Alternativ-Hypothese** wird im Gegensatz zur Null-Hypothese **positiv** formuliert. Ihre Formulierung richtet sich in Anlehnung an die gewählte Zusammenhang- oder Kausal-Hypothese der Null-Hypothese. Heißt beispielsweise die Null-Hypothese: A und B stehen nicht in einem Zusammenhang, dann heißt die Alternativ-Hypothese: A und B stehen in einem Zusammenhang. Heißt die Kausal-Hypothese im Rahmen der Null-Hypothese: A bewirkt nicht B, dann heißt die Alternativ-Hypothese: A bewirkt B.

In quantitativ orientieren Arbeiten werden die **Alternativ-Hypothesen nicht überprüft.** Es werden nur die **Null-Hypothesen** mit inferenzstatistischen Verfahren **überprüft.** Wird die Null-Hypothese bei der Überprüfung **nicht verworfen,** d. h. angenommen, dann darf ihre entsprechende positiv formulierte Alternativ-Hypothese **nicht angenommen** werden. Wird dagegen die Null-Hypothese verworfen, darf die Alternativ-Hypothese angenommen werden.

Weder die Null-Hypothese noch die Alternativ-Hypothesen sind in einer **qualitativ-empirischen** Seminar- oder Abschlussarbeit zu überprüfen. Folglich endet mit den abgeleiteten Null- und Alternativ-Hypothesen das Prüfdesign der qualitativ-empirischen Untersuchung.

▶ **Merke** Die Ableitung von Null- und Alternativ-Hypothesen führt zu wesentlichen Ergebnissen der qualitativen Forschung, um sie im Rahmen späterer quantitativer Forschungen überprüfen zu können.

Schließlich stellt das folgende Kapitel die wesentlichen Punkte des Buches verdichtet dar.

Was Sie aus diesem *essential* mitnehmen können

- Eine Begründung zur Anwendung qualitativer Forschung
- Ein grundlegendes Verständnis für Prinzipien, Gütekriterien und Charakter qualitativer Interviews und Inhaltsanalysen
- Eine Struktur für qualitativ-empirische Seminar- und Abschlussarbeiten
- Zwölf Schritte, wie von der Themenfindung bis zur Hypothesenableitung wissenschaftliche Arbeiten geschrieben werden können
- Beispielhafte Abbildungen für die Inspiration eigener Forschungsvorhaben

Literatur

Berner, J. (2023). *Qualitative Inhaltsanalyse. Kompakt*. Jengum: Edition Lunerion.

Döring, N. & Bortz, J. (2016). *Forschungsmethoden und Evaluation in den Sozial- und Humanwissenschaften* (5., vollständig überarbeitete, aktualisierte und erweiterte Aufl.). Berlin, Heidelberg: Springer. https://doi.org/10.1007/978-3-642-41089-5

Dresing, T. & Pehl, T. (2018). *Praxisbuch Interview, Transkription & Analyse. Anleitungen und Regelsysteme für qualitativ Forschende* (8. Aufl.). Marburg: Eigenverlag.

Gläser, J. & Laudel, G. (2010). *Experteninterviews und qualitative Inhaltsanalyse als Instrumente rekonstruierender Untersuchungen* (4. Aufl.). Wiesbaden: VS Verlag.

Kuckartz, U. (2018). *Qualitative Inhaltsanalyse. Methoden, Praxis, Computerunterstützung* (4. Aufl.). Weinheim: Beltz Juventa.

Kuckartz, U., Dresing, T., Rädiker, S. & Stefer, C. (2008). *Qualitative Evaluation. Der Einstieg in die Praxis* (2., aktualisierte Aufl.). Wiesbaden: VS Verlag.

Mayring, P. (2010). *Qualitative Inhaltsanalyse. Grundlagen und Techniken* (12., überarbeitete Aufl.). Weinheim: Beltz.

Meuser, M. & Nagel, U. (2009). Das Experteninterview. Konzeptionelle Grundlage und methodische Anlage. In S. Pickel, G. Pickel, H.-J. Lauth & D. Jahn (Hrsg.), *Methoden der vergleichenden Politik- und Sozialwissenschaft* (S. 465–479). Wiesbaden: VS Verlag.

Misoch, S. (2019). *Qualitative Interviews*. Berlin: de Gruyter.

Schnell, R., Hill, P. B. & Esser, E. (2013). *Methoden der empirischen Sozialforschung* (10., überarbeitete Aufl.). München: Oldenbourg.